本书是"云南师范大学学术文库"之一

中华十大义理

陈杰思　编著

中华书局

图书在版编目(CIP)数据

中华十大义理/陈杰思编著. –北京:中华书局,2008.2
(2010.11 重印)
ISBN 978 – 7 – 101 – 05875 – 8

I.中… II.陈… III.①思想史 – 研究 – 中国②文化史 –
研究 – 中国 IV.B2 K203

中国版本图书馆 CIP 数据核字(2007)第 146610 号

书 名	中华十大义理	
编 著 者	陈杰思	
责任编辑	李洪超	
出版发行	中华书局	
	(北京市丰台区太平桥西里 38 号 100073)	
	http://www.zhbc.com.cn	
	E – mail:zhbc@ zhbc.com.cn	
印 刷	北京天来印务有限公司	
版 次	2008 年 2 月北京第 1 版	
	2010 年 11 月北京第 3 次印刷	
规 格	开本/630×960 毫米 1/16	
	印张 13½ 插页 4 字数 110 千字	
印 数	19001 – 22000	
国际书号	ISBN 978 – 7 – 101 – 05875 – 8	
定 价	25.00 元	

中华义理经典诵读工程指导委员会主席　冯燊均

冯燊均先生简介

1932 年	出生于香港。
1936–1941 年	香港导群小学读小一至小四。
1941–1942 年	香港沦陷，导群小学停办。转学至德明小学读小五至小六。
1943–1944 年	其父冯镒（造船技师）不甘效日敌，托辞举家返穗。就读于广州市市立第一中学，中途辍学助家计。
1945 年	日本投降，香港重光返港。
1945–1953 年	入读英文中学于天主教耶稣会办的九龙华仁书院。
1954–1960 年	留学英国苏格兰格拉斯哥皇家科技学院，攻读造船设计科。
1961–1963 年	返港后工作于香港造船有限公司。
1963 年至今	成功投标香港新九龙海事地段 21 号（NKML.No.21）建厂，继承父业广义和船厂于九龙荔枝角道 873 号。

主要社会荣衔：

1991 年	港督卫亦信爵士颁授香港童军功绩荣誉勋章
1992 年	英女皇寿辰荣誉奖章
2002 年	中国儿童慈善家
2005 年	中国儿童慈善家之星
2006 年	香港浸会大学荣誉院士

担任主要社会公职：

中国儿童少年基金会功勋理事

天津南开大学顾问教授

中国先秦史学会顾问

香港国际教贤学院理事

香港孔教学院副院长

香港孔教学院大成小学校监

香港儒释道院荣誉会长

中华义理经典诵读工程指导委员会主席

香港葵青社区基金会 92、04 届主席及创会董事

大屿山宝莲寺天坛大佛基金赞助人

基督教香港信义会"冯镒社会服务大楼"赞助人

香港大学教研发展基金遴选创会会员

香港浸会大学东西学术交流研究所赞助人

葵青区各界庆祝中华人民共和国建国 50 周年筹委会会长

荃湾街坊福利会名誉会长及赞助人

"全港青年学艺比赛"赞助人

目 录

序言之一

汤恩佳博士　香港孔教学院院长　世界儒商联合会会长　香港奥委会副主席

于丹女士在"百家讲坛"上讲《论语》心得，是用现代化、大众化的表达方式，以个性化极强的生动形象的语言向广大民众讲解《论语》，大获成功，本人极为赞赏。陈杰思所著《中华十大义理》一书，则是另一种方式，这种方式是让历代圣贤自己站出来讲述他们的思想，将他们关于十大主题的种种看法，直接呈现出来，或许更真实、更全面、更有思想的深度，将学术性与普及性统一起来。

根据孔教学院多年的实践与研究，已找到了这样一个答案：要培养中华民族的道德素质，一个有效的途径就是恢复以孔子儒家思想为主要内容的传统美德。这个答案，在孙中山先生那里早已有之。孙中山先生主张"恢复中国人的固有道德"，可惜这种远见卓识没有得到广泛响应。在新文化运动中，有人提出反对旧道德、提倡新道德。其结果是，传统道德被打倒了，而新道德却不见培养起来。

我们要知道,新道德必须是在旧道德的基础上,适应时代的变化而产生。取消了传统道德,新道德就成为无源之水,必定干涸。

培养中华民族的道德素质,是实现中华民族伟大复兴的必然要求。越来越多的人认识到,中华传统优秀文化是培养民族道德素质不可或缺的资源。要培养当代中国人的道德观,就必须传承传统美德。要传承传统美德,就必须弘扬传统优秀文化,将其纳入到现行的教育体系之中。

继承和弘扬中华民族优秀儒家文化传统,需要有研究上的提高,也需要有宣传上的普及。要在深入研究、提高学术水平的基础上加以普及;同时要花大气力向国民普及儒家优秀传统道德,以提高国民的道德水平和素质,以此促进整个社会精神文明建设的发展。如果只注意学术圈内的提高,不注意在学术圈外民间的普及,那么中国优秀儒家传统伦理和文化,就难以代代相传,深入民间,就有面临失传的危险,而社会的文明也难以维系。如果只是少数人去研究儒学,少数人去开孔子思想研讨会或儒学讲座,并且学术会议开完了,讲者将历代圣贤的书束之高阁,听者则抛诸脑后,这样下去,再过几个世纪也不能真正将中华文化弘扬起来。要将孔子儒家思想编入小、中、大学的教材,通过学校教育来宣传普及孔子的思想,这样就可避免上述缺点。香港孔教学院属下的学校,多年来将孔子儒家的经书作为重要的教育内容。孔教学院在优质教育基金的资助下,为全港中小学生编写了小学儒家德育课程和中学儒家德育与公民教育课程。

陈杰思多年来担任孔教学院院长助理,经常同本人探讨儒家文化,双方有许多共识。六年前,他出版了《中华义理》与《中华义理经典》两部专著,现今在前两部著作的基础上编成《中华十大义理》一书，确立仁、义、礼、智、信、忠、孝、廉、毅、和十大主题，每个主题之下汇聚了历代圣贤的教导，并按一定的逻辑结构编列出来，加以阐释。我们认为，这为推广传统优秀文化找到了一种有效的方式。对此书本人特予推许，是为序。

序言之二

香港孔教学院副院长

香港浸会大学名誉院士

冯燊均

中国儿童少年基金会理事

中华义理经典诵读工程指导委员会主席

民国初年,在学校中废除文化经典教育,迄今近一个世纪。中华民族具有悠久的文明历史,大量的文化典籍承载了民族精神、传统道德、价值观。废除文化经典教育,即会产生这样的结果:民族意识淡漠,传统道德丧失,人文精神萎靡。

当今,中华民族正处于伟大复兴的时代,如果不能传承传统道德,弘扬民族精神,就不能够为中华民族的复兴提供强大的精神动力,就会阻碍中华民族前进的步伐。因此,凡是关心国家民族兴亡者,应感同身受。

多年来,我因举办一些慈善事业而经常往返全国各地,发觉有些地方人们的精神贫困比物质的贫困更普遍。有些年轻人价值观发生扭曲,道德诚信失范,迷失了为国为民的报负和方向;有些人一味向钱看,以权谋私,贪污贿赂屡禁不止;有些学子被花巨资送往国外留学成才,但学成后恋栈国外,流连忘返,结果是为他国服务;有些有学识者,因缺乏道德素质,将所学的知识用在歪门邪道上,以才济其奸。改变精神贫困,就需要向他们提供健康的精神食品,而这些健康的精神食品,就储存在中华文化典籍之中。

近来,对于中华儿女的品质遭到外来垃圾文化的熏染及传统优秀文化被践踏之现象,越来越引起社会各界的关注和反思。海峡两岸诸地区开办国学班,经典教育活动方兴未艾。但当前经典教育中存在着一些问题:即缺乏鲜明的思想主题,缺乏必要的理解,缺乏广泛性和持久性。

吾友陈杰思,长期以来致力于中华文化的研究与传播。他认为,国学当是当代中国教育不可缺少的重要内容,中文、中华义理、中华历史应当成为各级各类学校的必修课程,中华传统文化必须以国学的名义进入现代学科体系及课程体系中,才能在现代学科研究中据有自己的地位,建立"国学 + 西学"的教育模式,才是振兴中华文化的根本之道。

在此机缘下,中华义理经典诵读工程成为本人基金会的赞助项目之一,在 2005 年初正式启动。中华义理经典诵读工程的宗旨是:遵从圣贤教导,培养健康人格,提高人文素质,继承传统美德。

中华义理经典诵读工程现阶段以《中华十大义理》为主要教材。《中华十大义理》一书确立仁、义、礼、智、信、忠、孝、廉、毅、和十大主题为核心,建立了有效包容中华思想精华的逻辑结构,并按此结构,将中华文化经典中的相关语句汇编起来,加以阐释,向广大读者直接而清晰地展示中华民族文化的核心价值,为人们对中华文化的认知、理解、记忆、感悟、运用提供了便利。

中华义理经典诵读工程开展以来,已取得一定成效。我希望更多的人受惠,以期用中华文化的精华去改变世人精神贫困的面貌。

今陈杰思先生在其《中华义理》、《中华义理经典》基础上,适应中华义理经典诵读工程之需要,编著《中华十大义理》一书。应作者陈杰思先生所托,遂为之序。

经典教育旨要

陈杰思

科技与人文,是中华民族腾飞的两翼。在中华民族的文明历史上,与四大发明同等重要的文明成果,即是十大义理。四大发明是中华民族的科技成果,十大义理则是中华民族的人文成果。

中华十大义理,即仁、义、礼、智、信、忠、孝、廉、毅、和。又可称之为:中华十大民族精神、中华十常、中华十德、中华十大价值观、中华十大人生观、中华十大人文精神。十大义理,是中华民族亿万生命践行的成果,并且由历代圣贤表述出来。

孔子是中华民族最伟大的精神导师,是十大义理的奠基人。《论语》一书已建立了十大义理的基本框架,历代圣贤则为之添砖加瓦。管仲有"四维"之说,包括礼、义、廉、耻。董仲舒有"五常"之说,包括仁、义、礼、智、信。宋代有"八德"之说,包括孝、悌、忠、信、礼、义、廉、耻。孙中山先生提出"新八德",包括忠、孝、仁、爱、信、义、和、平。以十大义理为核心的中华道统代代相传,以致永远。

凡我炎黄子孙,应当有两个明显标志:身体上具有中华血统,心灵上具有中华十大义理。我们要用汉语和十大义理为主的中华文化来铸造中华民族的民族意识和国家认同。

如果只批判传统文化的糟粕，而不去弘扬传统文化的精华，只能给民众造成传统文化一团漆黑的印象。驱除黑暗的方法是，点燃一盏灯。同理，驱除糟粕的正确方式是，弘扬传统文化之精华。《中华十大义理》一书正是中华传统文化精华的汇聚。

一个民族的道德观和民族精神，不是由抽象的理论制造出来的，也不是某一个伟人主观想象出来的，而是如同地下溶洞一样，是亿万年点点滴滴自然形成的，本书正是汇聚了中华民族精神和道德观点点滴滴的精华。

任何一个有悠久文明传统的民族，都有自己的经典，而且，要保持民族精神与价值观代代相传，就必须推行经典教育。阿拉伯人可以在教堂读《古兰经》，西方人可以在教堂读《新旧约全书》，为什么中华儿女就不能在教室里读"四书五经"？

弘扬中华文化的第一步，就是读经。不仅仅是儿童读经，而是全民读经；不仅仅是读经，而且是尊孔读经。读经必尊孔，尊孔必读经。若读经之时，对以孔子为首的中华圣贤没有崇敬之心，就不会虚心接受圣贤的教导，不会将经文转变为信念。若尊孔之士不读经，则不知圣贤的教诲，尊孔就成为一种空洞的情绪。如果有人还对尊孔读经这句口号有所顾虑的话，我愿意补充说明三点：当代中国的尊孔读经与北洋军阀的尊孔读经目标不同，现在的目标是培育民族精神，传承传统道德；在读经之时并不排斥对于西方文化的学习；读经时要有科学的学习方法和学习态度。一面高喊要弘扬中华文化，一面又反对读经，这是典型的南辕北辙行为！

经典学习还有一个主次的问题：经典教育应当以儒家经典为

主,其他诸子经典为辅;圣贤经典为主,诗文经典为辅;中华经典为主,外国经典为辅。一个人首先要读儒家经典,确立了基本的价值观之后,有了分辨能力和抽象思考的能力之后,再去读道家经典、佛家经典。诵读圣贤经典,体悟圣贤之道,才能理解并体会诗文经典中所蕴含的义理。否则,只能停留在文字表层,而不能体悟诗文中的精神。中华经典与外国经典表达了人类共同的价值观,但是,中华经典因同中华具体的人文环境与历史传统相联系,也与中国人的意识与潜意识相应,因此,学习中华经典效率最高。

背记与理解并不是对立的,而是并行不悖的,相辅相成的。特别是文化经典,如果要达到深刻的理解,就必须背记。通过背诵,不仅仅使某一经典语句进入到学习者的意识库藏中,而且整个语境(该经典语句的上下文)也迁移至意识库藏中。同时,通过对经典的广泛背诵,也有其他与这一经典语句相关联的许多经典语句,进入意识库藏中。当我们对该经典语句进行理解和体证之时,意识库藏中该经典语句的具体语境就在意识中全盘呈现,与此经典语句相关联的大量经典语句就会浮现于大脑中,该经典语句在这样的情形之下,才能得到正确的理解和深刻的体证,避免对经典语句有片面的、孤立的认识。

经典诵读最低限度的要求是,让学生背记这句经典语句的某字相当于现代汉语某个词,从而略知古文中的某句话相当于现代汉语的某句话,这样诵读者才会知道某句经典语句的大致含义。经典背诵,是将一句句经典语句所载负的意义、精神及意象,纳入背诵者的意识库藏之中,在意识库藏中聚集起来,在潜意识中形成大量的良性心象,形成一种心理定势,转化为人格,转化为信仰,转化为动机。当人处于一个特定的境遇之中时,相关的经典语句就会在自己的意识中显现,引导人的思想意识,指导人的行为。

儿童的心灵处于空灵状态,经典语句不会受到阻碍而能通畅地进入到意识库藏中,在意识库藏中也不会受到其他因素的排斥,而且,经典语句在此情况下具有"先入为主"的优势,大量的经典语句能在意识库藏聚集起来,形成主导的意识,并以这种主导的意识来对待、衡量、取舍、评判后来进入意识库藏的信息。在一张白纸上,我们可以画出美丽的图画,而如果纸面已经画满了乱七八糟的东西,我们就无法将一幅美丽的图画画上去了。

在诵读儒家文化经典之时,曾经出现一些错误的方法:(1)肢解法:不是将儒家文化经典完整地展现在人们面前,而是将儒家文化经典肢解成碎片,然后进行断章取义地解释。在批孔的时代,人们看到的是作为批判材料的儒家文化经典的选读本,看到的是夹杂在各种批判文章中的儒家经典引文。(2)挑刺法:将儒家的光辉思想和高尚情操隐藏起来,专门去搜集历代儒家人物的某些偏激的观点和儒家人物的某些污点,加以大力渲染,推而广之,以偏概全,以彻底破坏儒家的正面形象。(3)归谬法:将儒家的某些观点加以夸大,加以引申,成为一种极端的观点;或者将儒家理论不合时宜地置于另一条件之下,产生严重后果后又归咎于儒家。例如"唯女子与小人为难养也"一语,孔子是针对某些女子身上存在的缺点而说,但如果将这句话无限夸大,上纲上线,就会将孔子的这句话说成是男尊女卑,歧视妇女。(4)嫁祸法:传统中国社会存在着诸多弊病,有些弊病是由人性中恶的因素导致的,有些弊病是由专制腐败的社会环境产生的,有些弊病则是由法家、道家、佛家的某些偏颇而导致的,在批孔反儒之时,以上弊病统统算在儒家头上。(5)偷换法:儒家经典是"药",国民的劣根性是"病",抛弃了儒家经典之"药"后,国民的劣根性只会越来越重,如"吃人"的礼教之所以产生,正是抛弃了儒家以"仁"为宗旨的礼教所致。如果将国民的劣根性归罪于儒家,也就是将"药"偷换成"病"。阿Q式的人物之所以产生,国人的劣根性之所以存在,正是十大义理丧失的结果。

中华民族精神何处找寻?在现实生活中,由于受到时空的限制,我们很难全面地看到,看到了我们也不能准确地表达出来,因此,最有效的办法是到传统文化经典中去寻找。经典是民族智慧的结晶,经典是历代圣贤的教导,经典是民族文化的精华,经典是为人处世的典范,经典是历史验证的义理。

笔者认为,诵读经典要遵循八个原则:

恭:经典是历代圣贤智慧的结晶,我们首先要培养对孔子及历代圣贤的恭敬之心,并以此恭敬之心来面对经典。以恭敬之心来面对经典,我们才会虚心接受经典的教导。如果以傲慢的态度,以批评的方式,以挑剔的眼光,来面对经典,经典就发挥不了"导人向善"的作用。

静:清除杂念,专心致志,将自己的心灵调整到心如明镜的空明与虚静状态。如果经典的精神进不了你的心灵,那就说明你的心灵之中有许多杂念在起着阻碍的作用。正如要在一个杯子里注入清水,就必须先将杯中的污水倒掉一样。

诵:读经可以全篇或整段地诵读,而其他类型的书籍则只需看或默读就可以了。读经可以集体诵读,以相互感染;读一般的书则只是个人进行。

记:通过反复诵读,使经典语句进入到大脑中,牢记在心。众多的经典语句进入到意识库藏之中,成为人生思考的基本素材,转化为人格,转化为动机,成为行为的标准。

恒:经典的诵读要持之以恒,对经典要终生奉读。能够背诵仅仅是最低要求。如果背诵之后,就置于一旁,那么,所背诵的经典,也会从记忆中慢慢消失。读经要终生多遍反复地读,而一般的书籍则在某一时读一遍就可以了。随着年龄的增长,随着社会阅历的增加,对经典语句就会有越来越深的体会和理解。

悟:要求学生用自己的心灵去体悟经典语句,才能领悟并接受经典语句所饱含的生命精神。一般的读书活动,需要对书的内容进行理解。读经则不同,诵读之时,只需知道每个字的形、音、义即可。至于整句话的深刻含义,则必须在诵读大量经典的基础上,融会贯通,才能得到全面的理解与体悟;并且,必须随着年龄的增长,随着社会生活经验的增加,才会有深刻的理解与体悟。

信:即相信经典。经典的正确性,是经过数千年无数人的生命验证,也经过历代大儒和各类社会精英的认证,一个初学者,或者一个平民,尚没有对经典提出置疑的能力,如果不以坚信的态度对待经典,而是用怀疑的眼光对待经典,他就不能分享经典的智慧。通过理解、体悟,通过行动与探索,并通过中华文化的各种具体形式,使经典语句负载着的生命精神,直接触入到学习者的精神世界中,转化为学习者的健康人格与品德。

行:当经典语句进入到自己的心灵中,就潜化为内在的品格与行动准则。每当你处于某一情景之中,与此情景相联系的经典语句就会呈现于自己的心灵之中,引导意识的方向,为在此情景中的行为提供了价值取向和行为指南。如果不经过熟读背诵,没有大量经典语句储存于自己的心灵之中,当人处于某种境况之中时,就会不知所措,在此情形之下,人们也不可能临时去翻阅经典,从经典中去寻找可以解决当前问题的指导性意见。经典语句在人生道路的每一个路口上,都有细致而明确的指导。

在香港慈善家冯燊均先生的捐款资助下,中华义理经典诵读工程于2005年1月正式启动。冯先生出任中华义理经典诵读工程指导委员会主席,领导并推动诵读工程。

中华义理经典诵读工程的宗旨是:遵从圣贤教导,弘扬传统文化,培养健康人格,提高人文素质,继承传统美德,振奋民族精神。

中华义理经典诵读工程将具有以下十大特点:

1. 系统全面

中华民族的传统道德、民族精神、人文精神、人生哲学、价值观念、生存智慧应当作为一个整体来讲,以上这六个方面对于一个人的素质提高都是必不可少的,只讲其中一个方面,都将是片面的。

2. 选择典型

经典语句是指中华民族数千年对人最具有教导意义的代表性语句,主要选自"四书五经",同时还选用董仲舒、程颢、程颐、张载、朱熹、陆九渊、王阳明等历代大儒的经典语句,同时还从《老子》、《庄子》、《坛经》等其他文化典籍选取一部分。

3. 去繁就简

事过数千年,古代许多名物、制度、事实,一般人不必花时间去了解,可以略去。否则皓首穷经,难得其精髓。越千年而可以代代传递者,惟有义理。

4. 取其精华

必须以仁爱、正义、科学、民主作为标准,对中华文化作出正确的判断,正确区分何为精华、何为糟粕。若是将精华作为糟粕,或将糟粕误以为精华,"弃其糟粕,取其精华"则会产生适得其反的结果。

5. 主题鲜明

我们将中华义理分解成许多思想主题,每个主题形成一个单元,每个主题之下,汇聚中华民族历代思想家的思想片断和经典语句。每一段时间的诵读活动,必须围绕一个鲜明的主题来展开。惟有这样,才能让人们形成一种明确的思想和认识。

6. 结构合理

中华文化博大精深,必须探索并确立能有效包容中华文化精华的基本概念和逻辑结构,找到知识要点和连接知识要点的线索,我们才能将代表中华文化精华的经典语句,作出合理的安排。每一经典语句都可以在这一结构中找到安置它的恰当位置,从而形成一个系统完整的理论体系。这就为学习者提供理解、感悟、接受儒家道德文化的快捷方式。

7. 注重精神

自清代以来,很多人讲传统文化,只是讲传统文化的事实,对于传统文化的精神,即中华义理,极为轻视。中华文化在丧失其内在的精神之后,必定走向衰落。中华义理经典诵读工程注重文化之精神,注重文化之灵魂,可以补救以上弊病。

8. 诵记理解

通过反复诵读,使经典语句进入到大脑中,牢记在心。在不同年龄阶段,根据学习者的认知能力的发展要求来选择学习内容,采用相应的学习方法,因材施教,循序渐进。要求学习者要用自己的理性认知能力去理解经典语句的真正含义,理解它的精神实质,同时用心灵去感悟,用生命去体会,不必刻意去辨析每个字的解释上的细微差别。通过理解、体悟,通过在自己行为上的体现与探索,并通过中华文化的各种具体形式,使儒家经文经负载着的生命精神,直接触入到学习者的精神世界中,转化为学习者的健康人格与品德。

9. 学以致信

学习经典语句,并将它们转化为内在的精神信仰。要求学生用自己的心灵去体悟儒家经文,才能领悟并接受儒家经文所饱含的生命精神。培养学生尊崇孔子及历代圣贤之情,促进学生的内在善性得到充分的呈现,培养学生的道德良知,培养学生道德行为动机,培养学生的内心信念。

10. 知行合一

经典诵读必须与现实生活结合起来,关注生活,面对现实,鼓励并正确引导学生参与各种社会实践,在文体活动、劳动、科学活动、社会活动、家庭生活、民俗活动、社会交往中,提供给学生良好的行为规范,培养学生的道德行为习惯和道德行为能力。当经典语句融入学生的人格和品德之中,就会转化成学生的行为的动机和行为的有效指导。经典语句的精神,通过行为表现出来。

以上是本人对于经典教育的基本认识,借此机会奉献给诸位,希望对于当前的各类经典教育活动有一定的参考价值,同时,也希望参加中华义理经典诵读工程的同学,能够体会并运用本文提出的原则。

卷一

仁

卷一

[题解]

"仁"按孔子的解释是:"仁者爱人。"韩愈将"仁"定义为"博爱",仁即是爱护他人、关心他人、帮助他人。仁爱是中华民族精神与中华传统道德的核心观念。仁爱是以人的良知、善良本性为根基的爱,不同于功利原因的爱或基于本能的爱。仁爱以人的良知为基点,依据远近关系向外层层扩展而形成自尊自爱、爱亲人、爱人民、爱天地万物四个层次。孔子明确指出仁爱的行为准则是:"己欲立而立人,己欲达而达人";"己所不欲,勿施于人"。孟子讲"亲亲而仁民,仁民而爱物",将仁爱的对象从亲人推向人民,推向天地万物。仁爱最高的境界,就是程颢所讲的"仁者以天地万物为一体"的境界。"仁"是"礼"的内在精神,"仁"是"信"的必要前提,"仁"必须与"智"相统一。倡导"仁"的精神,可以养成中华民族相互关爱、重良知、重道德的民族品格。

一、仁的定义

孔子将"仁"定义为"爱人","仁者爱人"是孔子儒家最核心的思想。

樊迟问仁。子曰："爱人。"《论语·颜渊》

〔译文〕樊迟问什么是"仁",孔子回答说："爱人。"

子曰："苟^①志于仁矣,无恶也。"《论语·里仁》

〔译文〕孔子说："如果有志于仁道,就不会有恶行了。"

〔注释〕①苟:假如。

仁者,谓其中心欣然爱人也。其喜人之有福而恶人之有祸也。
《韩非子·解老》

〔译文〕仁,是说内心欣喜地爱别人。为别人的幸福而高兴,为别人的灾祸而难过。

博爱之谓仁,行而宜之之谓义,由是而之焉之谓道,足乎己而无待于外之谓德。仁与义为定名,道与德为虚位。(唐·韩愈《韩昌黎集·原道》)

〔译文〕博爱就是仁,行动适宜就是义,由仁义而行就是正道,圆满自足而不依赖外在的东西就是德。仁与义是内涵确定的名称,道与德是内涵不确定的称谓。

与人相交,一言一事皆须有益于人,便是善人。(清·张英《聪训斋语》)

〔译文〕与人相交往,说一句话,做一件事都有益于他人,这就是善人。

二、仁的来源

1. 仁的品质来自于天地生养万物的精神

天地之大德曰生。《周易·系辞下》

〔译文〕天地的伟大品德就是生养万物。

仁者,天地生物之心,而人物之所得以为心。《朱子语类》卷九十五

〔译文〕仁,是天地生养万物的心,人和物得到这种仁,以这种仁作为自己的心。

2. 仁来自于人的天然的善良本性

今人乍见①孺子将入于井,皆有怵惕恻隐②之心。非所以内交于孺子之父母也,非所以要③誉于乡党④朋友也,非恶其声而然也……恻隐之心,仁之端也。《孟子·公孙丑上》

〔译文〕现在有人突然看见孩子即将掉入水井中,都产生了惊恐、同情的心理。这不是要同孩子的父母结交,也不是要在乡亲、朋友那里得到称赞,也不是厌恶小孩子惊叫的声音……同情之心,也就是仁的开端。

〔注释〕①乍见:突然看见。②怵惕(chùtì),恐惧警惕。恻隐(cèyǐn),同情。③要:求取。④乡党:邻里。

三、仁与爱

1. 仁是爱的根本,爱是仁的发用

建立在仁慈品质之上的爱,是奉献式的道德之爱,如果一种爱的感情不是以仁慈的品质为基础,这种爱就是一种情绪,或者是一

种由功利的原因而引起的感情。故奉献式的道德之爱与索取式的非道德之爱的区别，就在于有无"仁"的品质作为基础。

以仁为爱体，爱为仁用。（宋·朱熹《四书或问·论语或问》卷四）

〔译文〕仁是爱的根本，爱是仁的发用。

仁是根，恻隐是萌芽。亲亲、仁民、爱物，便是推广到枝叶处。
《朱子语类》卷六

〔译文〕仁就像是根，恻隐就像是萌芽。敬爱自己的亲人、爱护人民、爱惜万物，就像是从仁的根扩展到枝叶处。

仁是根，爱是苗。《朱子语类》卷二十

〔译文〕仁就像是根，爱就像是苗。

只是一个心，便自具了仁之体用。喜怒哀乐未发处是体，发于恻隐处便却是情。《朱子语类》卷六

〔译文〕正是同一个心，具备了仁的本体和功用。喜怒哀乐没有发动之处是本体，发动而表现为恻隐之处是情。

2. 仁处于未发状态，爱处于已发状态

一个人的仁慈品质，并不是只有在道德行为发生时才存在。当道德行为未发生时，仁慈品质即以"未发"的状态存在着；当道德行为正在发生时，仁慈品质即以"已发"的状态存在着。

盖孟子所谓性善者，以其本体言之，仁义礼智之未发者是也。所谓可以为善者，以其用处言之，四端之情发而中节者是也。盖性之与情虽有未发已发之不同，然其所谓善者，则血脉贯通，初未尝有不同也。（宋·朱熹《朱文公文集》卷四十六《答胡伯逢四》）

〔译文〕大概孟子所说的性善,是从本体之处来说的,指仁义礼智处于未发状态。他所说的可以成为善,是从其发用之处来说的。仁义礼智这四项,发用为情,便能符合正道而成善。性和情虽然有未发状态和已发状态的不同,但是其中所讲的善,则是贯通于未发和已发之中,并没有什么不同。

3. 仁是品性,爱是感情

仁与爱是相统一的,若割裂仁与爱之间的关系,则仁就成为空洞恍惚的东西,难于把握,更难于落实在现实人生中。如果割裂了仁与爱之联系,爱不以仁为根基,则爱就成为一种飘忽的情绪,流为索取式的爱。

爱自是情,仁自是性,岂可专以爱为仁?(宋·程颢、程颐《河南程氏遗书》卷十八)

〔译文〕爱是情,仁是性,怎能把爱等同于仁?

盖专务说仁,而于操存涵泳之功不免有所忽略……而又一向离了爱字,悬空揣摸,既无真实见处,故其为说恍惚惊怪,弊病百端。(宋·朱熹《朱文公文集》卷三十一《答张敬夫十六》)

〔译文〕只讲说仁,便会忽略道德修养的功夫……又向来离开了"爱"字,只是凭空去揣摸"仁","仁"就不会有真实显现之处,所以,这种说法模糊、奇怪,弊端百出。

四、仁的对象

1. 自尊自爱

人必①其自爱也,然后人爱诸②;人必其自敬也,然后人敬诸。自

爱，仁之至③也；自敬，礼之至也。（汉·扬雄《法言·君子》）

〔译文〕人必定是自爱，然后别人才会去爱他；人必定是自尊，然后别人才会去尊重他。自爱，这是仁德的至高境界；自尊，这是礼仪的至高境界。

〔注释〕①必：一定。②诸：作宾语，相当于"之"。③至：相当于"极"。

爱己者，仁之端也，可推以爱人也。（宋·王安石《荀卿》）

〔译文〕爱自己是仁的开始，可以推及到爱他人。

2. 爱亲人

亲亲而仁民，仁民而爱物。《孟子·尽心上》

〔译文〕以亲爱之心对待自己的亲人，以仁爱之心对待人民；以仁爱之心对待人民，推及到以爱惜之心对待万物。

不爱其亲而爱他人者，谓之悖德；不敬其亲而敬他人者，谓之悖礼。《孝经·圣治章》

〔译文〕不爱自己的亲人而去爱别人的，叫"悖德"；不尊敬自己的亲人而去尊敬别人的，叫"悖礼"。

3. 爱人民

子曰："弟子，入则孝，出则弟①，谨而信，泛爱众，而亲仁。行有余力，则以②学文。"《论语·学而》

〔译文〕孔子说："年纪幼小的人，在家孝敬父母，外出敬爱兄长；做事谨慎，诚实可信，博爱大众，亲近有仁德的人。做到了这些之后还有剩余的时间和精力，就去学习文献知识。"

〔注释〕①弟：同"悌"，敬爱兄长。②以：用来。

视人之国，若视其国；视人之家，若视其家；视人之身，若视其身。《墨子·兼爱中》

〔译文〕对待他人的国家，就像对待自己的国家一样；对待他人的家庭，就像对待自己的家庭一样；对待他人，就像对待自己一样。

今天下之士君子，忠实欲天下之富，而恶其贫；欲天下之治，而恶其乱，当兼相爱，交相利。（《墨子·兼爱中》）

〔译文〕当今天下君子，内心真正地要天下人富裕，厌恶天下人贫穷；要天下太平，而讨厌天下混乱，就应当互爱、互利。

四海之内，合敬同爱。（《礼记·乐记》）

〔译文〕普天之下，互敬互爱。

凡是人，皆须爱。天同覆，地同载。（清·李毓秀《弟子规》）

〔译文〕凡是人，都应该去爱。所有人都是上天共同覆盖的；所有人都是大地共同载负的。

不忧一家寒，所忧四海饥。（清·魏源《偶然吟》）

〔译文〕不忧虑自己一家的饥寒，所忧虑的是天下人的饥寒。

4. 爱自然

将仁爱之心推向宇宙万象万物，达到仁者与天地万物为一体的境界。

天地与我并生，而万物与我为一。（《庄子·齐物论》）

〔译文〕天地与我一起生长，万物与我融为一体。

夫圣人之心，以天地万物为一体，其视天下之人，无外内远近。凡有血气，皆其昆弟赤子之亲，莫不欲安全而教养之，以遂①其万物一体之念。（明·王守仁《传习录》中）

〔译文〕圣人的心灵，与天地万物融为一体，关心天下之人，并无内外远近之别。只要是有血性的，都是他的兄弟儿女，无不想保全他们，教育他们，以实现他与天地万物为一体的心愿。

〔注释〕①遂：达到，实现。

人各有心^①，至有视其父、子、兄、弟如仇雠^②者。圣人有忧之，是以推其天地万物一体之仁以教天下，使之皆有以克其私，去其蔽，以复其心体之同然。（王守仁《传习录》中）

〔译文〕人各有自己的私心，甚至于有视父、子、兄、弟如仇人的情况。圣人为此担忧，所以推行天地万物为一体的仁道来教导天下，使之都能克除私欲，除去蒙蔽，以恢复心之本体的本来共同面目。

〔注释〕①心：私心。②仇雠（chóu）：仇人。

盖其心学纯明，而有以全其万物一体之仁，故其精神流贯，志气通达，而无有乎人己之分，物我之间。（王守仁《传习录》中）

〔译文〕心地纯粹明达，保全了与天地万物为一体的"仁"，所以，仁的精神流溢贯通，意气通达四方，而没有别人与自己的分别，没有万物同我的分隔。

大人者，以天地万物为一体者也，其视天下犹一家，中国犹一人焉。若夫^①间形骸^②而分尔我^③者，小人矣。大人之能以天地万物为一体也，非意之^④也，其心之仁本若是，其与天地万物而为一也。岂惟大人，虽小人之心亦莫不然，彼顾自^⑤小之耳。是故见孺子之入井，而必有怵惕恻隐之心焉，是其仁之与孺子而为一体也；孺子犹同类者也，见鸟兽之哀鸣觳觫^⑥，而必有不忍之心焉，是其仁之与鸟兽而为一体也；鸟兽犹有知觉者也，见草木之摧折而必有悯恤^⑦之心焉，是其仁之与草木而为一体也；草木犹有生意者也，见瓦石之毁坏而必有顾惜之心焉，是其仁之与瓦石而为一体也……及其动于欲，蔽于私，而利害相攻，忿怒相激，则将戕物圮类^⑧，无所不为，其甚至有骨肉相残者，而一体之仁亡矣。（明·王守仁《王文成公全书》卷二十六《大学问》）

〔译文〕大人是以天地万物为一体的人,他把天下视为一家,把全国视为一人。至于那被身体分隔成为你我的,就是小人。大人之所以能以天地万物为一体,并不是故意要这样,他心中的仁性本来就要求与天地万物为一体了。不仅是大人,即使是小人的心也无不如此,只是他们自己小看自己罢了。所以,看见小孩子掉入井中,就必然有惊恐、同情之心,这就是他的仁性与小孩子结合为一体;小孩子仍然与他是同类,看见鸟兽哀叫战栗,必定有不忍之心,这就是他的仁性与鸟兽结合为一体;鸟兽仍然是有知觉的,见到草木被摧折而必定产生悯恤之心,这就是他的仁性与草木结合为一体;草木仍然是有生机的,见到瓦片石块被毁坏,必定产生爱惜之心,这就是他的仁性与瓦片石头结合为一体……如果是被欲望牵动,被私心蒙蔽,产生利害冲突,愤怒互相激发之时,就会损害万物,毁伤同类,无所不为,以至于有骨肉相残的,这时与天地万物为一体的仁就灭亡了。

〔注释〕①若夫:如果。②间形骸(hái):将形体与形体相区分开。③尔我:你我。④非意之:并非故意这样。⑤顾自:独自。⑥觳觫(húsù):恐惧而发抖的样子。⑦悯(mǐn)恤:怜恤。⑧戕(qiāng)物圮(pǐ)类:残害、损毁生物,毁灭、断绝种类。

五、仁的价值

子曰:"民之于仁也,甚^①于水火。水火,吾见蹈而死者矣,未见蹈^②仁而死者也。"《论语·卫灵公》

〔译文〕孔子说:"人民对于仁德的需要,超过了对于水与火的需要。面对水与火,我看见溺水蹈火而死的人,却没见过践行仁德而死的人。"

〔注释〕①甚:超过。②蹈:践踏。

子曰:"知者乐^①水,仁者乐山;知者动,仁者静;知者乐,仁者

寿。"(《论语·雍也》)

〔译文〕孔子说:"智者喜好水,仁者喜好山;智者活跃,仁者宁静;智者快乐,仁者长寿。"

〔注释〕①乐(yào):爱好。

仁者无敌。(《孟子·梁惠王上》)

〔译文〕仁义之人不可战胜。

六、众德之本

樊迟问仁。子曰:"居处恭,执事敬,与人忠。虽之^①夷狄,不可弃也。"(《论语·子路》)

〔译文〕樊迟询问关于仁的问题。孔子说:"平时恭敬,办事认真,对人保持忠诚。即使到了边远少数民族的地方,也不能丢弃这些原则。"

〔注释〕①之:到,往,去。

子张问仁于孔子。孔子曰:"能行五者于天下,为仁矣。"请问之。曰:"恭、宽、信、敏、惠。恭则不侮,宽则得众,信则人任焉,敏则有功,惠则足以使人。"(《论语·阳货》)

〔译文〕子张向孔子询问仁道。孔子道:"能够在天下施行五种德行,便是仁了。"子张又进一步问内容是什么。孔子道:"庄重,宽厚,诚实,勤奋,慈惠。庄重就不会导致侮辱,宽厚就会得到大家的拥护,诚实就会得到别人的信任,勤奋就会有成就,慈惠就能够使唤人。"

七、仁智统一

子曰:"不仁者不可以久处约^①,不可以长处乐。仁者安仁,知者

利仁。"《论语·里仁》

〔译文〕孔子说:"不仁的人不能长久处于贫困之中,不能长久处于快乐之中。有仁德的人安于仁道,聪明人利用仁道。"

〔注释〕①约:穷困。

子曰:"知及之,仁不能守之;虽得之,必失之。知及之,仁能守之。不庄以莅^①之,则民不敬。知及之,仁能守之,庄以莅之,动之不以礼,未善也。"《论语·卫灵公》

〔译文〕孔子说:"依靠聪明才智得到它,不能用仁德去守住它;虽然得到了,也必定会失去它。依靠聪明才智得到它,能够用仁德去守住它。不用庄重严肃的态度去来治理百姓,百姓也不会敬服。依靠聪明才智得到它,能用仁德去守住它,又能用庄重严肃的态度来治理百姓,但是如果行动不符合礼仪,也不是完善的。"

〔注释〕①莅(lì):面对。

仁而不智,则爱而不别也;智而不仁,则智而不为也。(汉·董仲舒《春秋繁露》卷八《必仁且智》)

〔译文〕有仁德而没有智慧,那就是知道爱而不能加以区别;有智慧而没有仁德,就是知道该怎样去做而不去做。

八、践行仁道

子曰:"志于道,据于德,依于仁,游于艺。"《论语·述而》

〔译文〕孔子说:"立志于大道,遵从道德准则,依从于仁道,游身于六艺之中。"

子曰:"富与贵,是人之所欲也,不以其道得之,不处也;贫与贱,是人之所恶也,不以其道得之,不去也。君子去仁,恶乎^①成名?君

子无终食之间违仁,造次②必于是,颠沛③必于是。"《论语·里仁》

〔译文〕孔子说:"富有和尊贵是人们所希求的,不通过正当的途径得到,即便有了富贵,也不能安处;贫困和卑贱是人们所嫌弃的,不通过正当途径摆脱,即便处于贫贱之中,也不逃避。君子离开了仁,怎么成就名声呢?君子任何时候都不违背仁德,匆忙急迫中必定如此,颠沛流离时也必定如此。"

〔注释〕①恶(wū)乎:哪里,怎样。②造次:匆忙。③颠沛:穷困,受挫。

子曰:"回也,其心三月不违仁,其余则日月至焉而已矣。"《论语·雍也》

〔译文〕孔子说:"颜回啊,他的内心长久不违背仁德,其他人不过是短时间地达到仁的境界罢了。"

九、行仁之方

子曰:"仁远乎哉? 我欲仁,斯①仁至矣。"《论语·述而》

〔译文〕孔子说:"仁远离我吗? 我想做到仁,仁就来到了。"

〔注释〕①斯:这,于是。

子贡曰:"如有博施①于民而能济②众,何如? 可谓仁乎?"子曰:"何事于仁,必也圣乎! 尧舜其犹病诸! 夫仁者,己欲立而立人,己欲达而达人。能近取譬③,可谓仁之方也已④。"《论语·雍也》

〔译文〕子贡说:"假如君主广泛施惠于民并且能周济民众,怎么样?能称为仁吗?"孔子说:"岂止是仁,应该是圣人的境界了。尧、舜大概还做不到呢! 作为仁者,自己要立身同时又要使他人立身,自己要通达同时又要使他人通达。能从当下的生活中推己及人,这就可以称为践行仁的方法。"

〔注释〕①施：给予。②济：救济。③譬：比喻。④也已：相当于"了"。

仲弓问仁。子曰："出门如见大宾，使民如承大祭。己所不欲，勿施于人。在邦无怨，在家无怨。"《论语·颜渊》

〔译文〕仲弓问什么是"仁"。孔子说："出门做事如同见到贵宾一样，使唤人民如同主持重大祭祀一样。自己不愿意要的东西，就不能强加于别人头上。做公务，不能使别人怨恨；在家中，也不要使人怨恨。"

仁者先难而后获，可谓仁矣。《论语·雍也》

〔译文〕仁就是先付出艰难的劳动，然后才获取，这就可以称为仁了。

曾子曰："君子以文会友，以友辅仁。"《论语·颜渊》

〔译文〕曾子说："君子用文章和学问来交朋友，用交朋友来培养仁德。"

子曰："巧言令色①，鲜②矣仁。"《论语·学而》

〔译文〕孔子说："花言巧语，伪善献媚，这样的人缺乏仁德。"

〔注释〕①令色：和颜悦色的样子。②鲜：很少。

十、培育良知

1. 何谓良知

良知是德性、理性、感性在心灵中的统一体。

人做不是底事，心却不安。此是良知。（宋·朱熹《续近思录》卷五）

〔译文〕人做了不对的事，心中就感到不安，这就是良知。

良心者，本然之善心，即所谓仁义之心也。（宋·朱熹《四书章句集注·孟子集注·告子章句上》）

〔译文〕良心是本来就存在的善良之心,也就是仁义之心。

天命之性粹然至善,其灵昭不昧者,此其至善之发见,是乃明德之本体,而即所谓良知者也。(明·王守仁《王文成公全书》卷二十六《大学问》)

〔译文〕天命之性纯粹是至善的,它灵妙、光明、不昏沉处,使这一至善的本性发露出来,就是道德的本体,这就是我们所说的良知。

良知是天理之昭明灵觉处,故良知即是天理,思是良知之发用。
(明·王守仁《传习录》中)

〔译文〕良知是天理的灵妙知觉处,所以良知就是天理,意识活动就是良知的发现和运用。

2. 良知发用

故君子尊德性而道问学,致广大而尽精微,极高明而道中庸。
(《中庸》第二十七章)

〔译文〕所以君子尊崇德性而又注重学问,达到广大的境地而又详尽精妙细微之处,达到高明的极点,而又符合中庸之道。

心能尽性,"人能弘道"也;性不知检其心,"非道弘人"也。(宋·张载《正蒙·诚明》)

〔译文〕心能够穷尽善性,这就是"人能弘道";善性不会自动地纠正人心的偏失,这就是"非道弘人"。

人只有一个心,但知觉得道理底是道心,知觉得声色臭味底是人心。《朱子语类》卷七十八)

〔译文〕人只有一个心,当这个心知觉道理时,就是道心;当这个心知觉声、色、气、味时,便是人心。

必使道心常为一身之主,而人心每听命焉,乃善也。(《朱子语类》卷六十二)

〔译文〕必须使道心永远成为一身之主，人心每每听命于它，这才好啊。

只是讲求得此心，此心若无人欲，纯是天理。是个诚于孝亲的心，冬时自然思量父母的寒，便自要去求个温的道理；夏时自然思量父母的热，便自要去求个清①的道理。（明·王守仁《传习录》上）

〔译文〕只是要讲求这个心，如果这个心中没有私欲，纯粹是天理。是颗诚恳地孝敬父母的心，冬天自然会想到为父母防寒，便会主动探究保暖的道理；夏天自然会想到为父母消暑，便会主动去掌握消暑的知识。

〔注释〕①清（qīng）：凉。

心得其宜之谓义，能致良知则心得其宜矣。故"集义"亦只是致良知，君子之酬酢万变，当行则行，当止则止，当生则生，当死则死，斟酌调停，无非是致其良知，以求自慊而已。（王守仁《传习录》中）

〔译文〕心得到适宜之处，就叫做义，能够发现良知，心就得到适宜之处。所以汇集正义，也只是致良知。君子在瞬息万变中应对，应当行动就行动，应当停止就停止，应当生就生，应当死就死，仔细斟酌，认真做事，无非是发现良知，以求得心灵的自我满足。

凡意念之发，吾心之良知无有不自知者。其善欤，惟吾心之良知自知之；其不善欤，亦惟吾心之良知自知之。（明·王守仁《王文成公全书》卷二十六《大学问》）

〔译文〕每当意念发动时，我心中的良知无不能够自己知晓。意念是善的时候，只有我心中的良知自己知道；当意念不善的时候，也只有我心中的良知自己知道。

3. 良知培养

恻隐之心，人皆有之；羞恶之心，人皆有之；恭敬之心，人皆有之；是非之心，人皆有之。**恻隐之心，仁也；羞恶之心，义也；恭敬之心，礼也；是非之心，智也。仁、义、礼、智，非由外铄我也，我固有之也，弗思耳矣。**《孟子·告子上》

〔译文〕同情之心，人人都有；羞耻之心，人人都有；恭敬之心，人人都有；是非之心，人人都有。同情之心，是仁；羞耻之心，是义；恭敬之心，是礼；是非之心，是智。仁、义、礼、智，并不是由外界赋予我的，而是我本来就具有的，只不过未曾思索罢了。

虽存乎人者，岂无仁义之心哉？其所以放其良心者，亦犹斧斤之于木也，旦旦而伐之，可以为美乎？……故苟得其养，无物不长；苟失其养，无物不消。《孟子·告子上》

〔译文〕存在于人的，难道不是仁义之心吗？人之所以丧失良心，也就像斧子对待树木那样，天天砍伐它，树木怎么能茂盛呢？……如果得到滋养，没有一样东西不成长；如果失去了滋养，没有一样东西不消亡。

耳目之官不思，而蔽于物。物交物，则引之而已矣。心之官则思，思则得之，不思则不得也。此天之所与我者。先立乎其大者，则其小者不能夺也。《孟子·告子上》

〔译文〕耳朵眼睛这类器官不会思考，因此容易被事物所蒙蔽，它一旦与外界事物相接触，便被引向迷途了。心这个器官的职能在于思考，思考便有收获，不思考便一无所获。心是大自然赋予我们人类的，首先发挥这个重要器官的主宰作用，就不会受其他感官的侵扰摆布了。

人孰无根，良知即是天植灵根，自生生不息。但著了私累，把此根戕贼蔽塞，不得发生耳。（明·王守仁《传习录》中）

〔译文〕哪一个人没有根，良知就是天生的灵根，自然会生生不息。只因为被私欲拖累，把这灵根残害蒙蔽了，使它不能正常地生长发育！

既去恶念，便是善念，便复心之本体矣。譬如日光被云来遮蔽，

云去光已复矣。若恶念既去，又要存个善念，即是日光之中添燃一灯。(王守仁《传习录》下)

〔译文〕既然除掉了恶念，就是善念，也就恢复了心的本体。例如，阳光被乌云遮挡，当乌云散出后，阳光又会重现。若恶念已经除掉，而又去存养一个善念，这岂不是在阳光下又添一盏明灯。

尔那一点良知，是尔自家底准则。尔意念着处，他是便知是，非便知非，更瞒他一些不得。(王守仁《传习录》下)

〔译文〕你的那点良知，正是你自己的行为准则。你的意念所到之处，正确的就知道正确，错误的就知道错误，不可能有丝毫的隐瞒。

君子之戒慎恐惧，惟恐其昭明灵觉者或有所昏昧放逸，流于非僻邪妄而失其本体之正耳。戒慎恐惧之功无时或间，则天理常存，而其昭明灵觉之本体，无所亏蔽。(明·王守仁《王阳明全集》卷五《答舒国用》)

〔译文〕君子警觉谨慎，惟恐这一光明知觉之处，有时会昏昧放纵逸失，流于错误邪恶之中，而失去心的本体。警觉谨慎的功夫，无时不在，那么天理常存，而那光明灵觉的本体，没有亏损、遮蔽。

[题解]

　　"义"即是在行为中表现出来的正义精神。正义的基本理念是：扶助生命是善，伤害生命是恶。任何个人都要考虑这个问题：在自己行为影响所及的范围内，所产生的善应当远远大于恶。正义维护的是整体利益，因而正义的最大障碍是贪图不正当的私利，所以要"见利思义"，"先义后利"，必须在维护正义的前提下去获取个人的合法利益。在现代社会，欲达到正义之目的，就必须具有平等精神、自由精神、民主精神、法治精神、人权意识、公民意识，因此，这六个方面可纳入"义"的范畴之中。专制作风、官僚特权思想都是对正义精神的损害。实践中出现的问题是：假"正义"之名以行其私，在小集体圈子里讲"义气"，以抽象的"义"去压制人们对合法利益的追求，等等。倡导"义"的精神，可以养成中华民族见义勇为、重视整体利益的民族品格。

一、义的定义

义即正义,是行为的最高标准。正义的基本含义是在自己的行为影响所及的范围内,产生的利益大于弊害,并且按照公平的原则分配利益。公平原则包括以下几项:第一,包括自己在内的每一个人,都具有平等地获得利益的权利;第二,按照多劳多得的原则获取利益;第三,抑强扶弱,先人后己。

义者,宜也,裁制事物使合宜也。(汉·刘熙《释名·释言语》)

〔译文〕义就是适宜的意思,调理事物使之适宜。

义者,行而宜之,合于道则谓义。(宋·胡瑗《周易口义·说卦》)

〔译文〕义就是在行动上是适宜的,符合道的要求就是义。

义者,宜也。君子见得这事合当如此,却那事合当如彼,但裁处其宜而为之,则无不利之有。(《朱子语类》卷二十七)

〔译文〕义就是适宜。君子见到这事应当如此,那事应当如彼,只要处理得当而去做了,就无往而不利。

二、仁显为义

仁者,义之本也,顺之体①也,得之者尊。(《礼记·礼运》)

〔译文〕仁爱是正义的根本,也是和顺的基础,心中有真爱的人就会得到他人的尊敬。

〔注释〕①体,基础。

所贵于立义者,贵其有行也;所贵于有行者,贵其行礼也。(《礼

〔译文〕义的可贵之处,在于有实际行动,而行动的可贵之处,在于能遵循社会规范。

三、义为行则

子曰:"君子之于天下也,无适①也,无莫②也,义之与比③。"《论语·里仁》

〔译文〕孔子说:"君子对于天下的事情,没有说什么事是可以做的,也没有说什么事是不可以做的,惟有依从义来行事。"

〔注释〕①适:可。②莫:不可。③比:紧靠,为邻。

子曰:"群居终日,言不及义,好行小慧,难矣哉!"《论语·卫灵公》

〔译文〕孔子说:"整天与众人聚在一处,说的话从不提及仁义,还卖弄小聪明,这种人真是难以造就啊!"

子曰:"君子义以为质,礼以行之,孙①以出之,信以成之。君子哉!"《论语·卫灵公》

〔译文〕孔子说:"君子以义为根本,以礼仪来施行,以谦逊的语言来表达,以诚信的态度来成就,这就是君子啊!"

〔注释〕①孙:同"逊",谦让。

仁,人之安宅也;义,人之正路也。旷安宅而弗居,舍正路而不由,哀哉!《孟子·离娄上》

〔译文〕仁是人的安身之所,义是人的正确道路。让安身之所空着而不去居住,放弃正确的道路而不去走,可悲!

四、义的价值

不患寡而患不均,不患贫而患不安。盖均无贫,和无寡,安无

倾。夫如是，故远人不服，则修文德以来之。既来之，则安之。《论
语·季氏》

〔译文〕不担心贫穷而是担心财富不均，不担心人少而是担心不安定。
因为财富平均，便不会觉得贫穷；和睦，便不会觉得人少；安定，便不会倾
覆。如果这样做了，远方的人还不来归顺，就培育文化、修养道德来招徕
他们。他们既然来了，就使他们安定下来。(注："不患寡而患不均，不患贫而患
不安"应为"不患贫而患不均，不患寡而患不安"。)

先义后利者荣，先利而后义者辱。《荀子·荣辱》

〔译文〕能先考虑道义而后才考虑个人私利的人是光荣的，把自己的
利益得失摆在第一位，把道义放在后头的人则是可耻的。

天下将治，则人必尚义也；天下将乱，则人必尚利也。《宋·邵雍《皇
极经世·观物内篇之七》

〔译文〕天下即将太平，那么人们必定崇尚正义；天下将要混乱，人们
就必定崇尚私利。

五、无义之害

朝甚除，田甚芜，仓甚虚，服文彩，带利剑，厌饮食，财货有余，是
谓盗夸。《老子》第五十三章)

〔译文〕朝政腐败，田园荒芜，仓库空虚，然而穿着华丽的衣服，佩带着
锋利的宝剑，吃着精美的食物，财产丰富，这样的人就是强盗。

子曰："放①于利而行，多怨。"《论语·里仁》

〔译文〕孔子说："完全依据利益多少来行事，就会多招怨恨。"

〔注释〕①放：通"仿"，依据。

人而无义，惟食而已，是鸡狗也。《列子·说符》

〔译文〕做人不顾道义，只会吃喝，就是鸡狗了。

孟子见梁惠王。王曰："叟！不远千里而来，亦将有以利吾国乎？"孟子对曰："王！何必曰利？亦有仁义而已矣。王曰：'何以利吾国？'大夫曰：'何以利吾家？'士庶人曰：'何以利吾身？'上下交征利而国危矣。"《孟子·梁惠王上》

〔译文〕孟子去见梁惠王。梁惠王说："老人家！你不远千里而来，将给我国带来什么利益？"孟子回答说："君王！何必谈利！要讲求仁义就行了。君王说：'怎么样对我国有利？'大夫说：'怎么样对我家有利？'士人和百姓说：'怎么样对我自己有利？'上上下下都在争取利益，国家就危险了。"

为人臣者怀利以事其君，为人子者怀利以事其父，为人弟者怀利以事其兄，是君臣、父子、兄弟终去仁义，怀利以相接，然而不亡者，未之有也。《孟子·告子下》

〔译文〕作为臣子，怀着功利之心对待他的君王；作为儿子，怀着功利之心对待他的父亲；作为弟弟，怀着功利之心对待他的兄长，这是君与臣、父与子、兄与弟抛弃仁义，怀着功利之心相互对待，这种情况下还不灭亡，是没有的事。

大富则骄，大贫则忧。忧则为盗，骄则为暴，此众人之情也。（汉·董仲舒《春秋繁露》卷八《度制》）

〔译文〕非常富有的人，会骄横；过于贫寒的人，则忧愁。忧愁，就容易成为盗贼；骄横，就容易暴虐，这是人之常情。

财色之祸，甚于毒蛇，尤当远离。《敕修百丈清规》第五）

〔译文〕贪财、贪色所引起的祸害，比毒蛇伤人还要厉害，尤其应当远离。

利者，众人所同欲也。专欲益己，其害大矣。欲之甚，则昏蔽而

忘义理；求之极，则侵夺而致仇怨。（宋·程颢、程颐《二程集·周易程氏传》卷三《益》）

〔译文〕利益，是众人所共同需要的。只想着对自己有利，这种危害是极大的。欲望过多，就会使心灵昏蔽，忘记义理；追求太多，就会发生侵夺，并且导致怨仇产生。

理者天下之至公，利者众人所同欲。苟公其心，不失其正理，则与众同利，无侵于人，人亦欲与之。若切于好利，蔽于自私，求自益以损于人，则人亦与之力争，故莫肯益之，而有击夺之者矣。（程颢、程颐《二程集·周易程氏传》卷三《益》）

〔译文〕理是天下的大公，利是人们共同需要的。如果能使自己的心公正，不失于正理，那就会与大众同享利益，不去侵夺别人，别人也愿意给他。如果好利心切，心为自私所蒙蔽，追求自己得益，而损害别人，那么别人也就与他抗争，所以就没有人肯送给他什么，反而有人去攻击他并且夺取他的东西。

六、义利相依

不能离开"利"来抽象地谈论"义"，因为，"义"正是用于调整利益关系的。谋取公众利益，谋取自己的正当利益，正是"义"的要求。

民之有君，以治义也。义以生利，利以丰民。《国语·晋语一》

〔译文〕人民有君王，是为了达到正义。正义可以产生利益，利益可以让人民富足。

义与利者，人之所两有也。虽尧、舜不能去民之欲利，然而能使其欲利不克其好义也。《荀子·大略》

〔译文〕正义与利益，是人共同需要的。即使尧、舜在世，也不能断除人民的欲望和利益，然而他们却能使人民的欲望和利益不会战胜自己的爱好正义之心。

古人以利与人而不自居其功，故道义光明……既无功利，则道义者乃无用之虚语耳。（宋·叶适《习学记言序目》卷二十三）

〔译文〕古人用利益给予人，但不以功劳自居，所以道义光明……既然没有功利，那么，道义就是无用的空话了。

夫欲正义，是利之也；若不谋利，不正可矣。吾道苟明，则吾之功毕矣；若不计功，道又何时而可明也。（明·李贽《藏书》卷三十二《德业儒臣后论》）

〔译文〕要有正义，就是有利于他人，如果不谋取利益，就谈不上什么正义。我的道理如果明白，那么，我的功劳就相应完成了。如果不计较功劳，道理又何时可以明白！

立人之道曰义，生人之用曰利。出义入利，人道不立；出利入害，人用不生。（清·王夫之《尚书引义》卷二）

〔译文〕人的立身之道是正义，满足人的生活需要的是利益。离开正义，进入利益之中，人就不能立身；离开利益，进入危害之中，人就不能满足生活需要。

正其谊①以谋其利，明其道而计其功。（清·颜元《四书正误》）

〔译文〕遵循正义来谋取利益，倡行正道并且要建功立业。

〔注释〕①谊：与"义"同。

人之生也，莫病于无以遂其生。欲遂其生，亦遂人之生，仁也。欲遂其生，至于戕人之生而不顾者，不仁也。（清·戴震《孟子字义疏证》卷上）

〔译文〕人的一生，最大的问题是不能满足人的生活需要。要满足自己的生活需要，也满足别人的生活需要，就是仁。只满足自己的生活需要，甚至伤害他人的生命，对别人置之不顾，就是不仁。

七、爱护生命

敬重一切生命，爱护一切生命。儒者对人的生命有着浓厚的敬重意识，"民生"成为中国古代政治的核心问题。孙中山先生在传统理念的基础上，提出了"民生主义"。

有恒产者有恒心，无恒产者无恒心。苟无恒心，放僻邪侈，无不为已。及陷乎罪，然后从而刑之，是罔民也。《《孟子·滕文公上》》

〔译文〕有固定产业的人才有安分守己的意念，没有固定产业的人就没有安分守己的意念。如果没有安分守己的意念，就放荡不羁，胡作非为，什么事都做得出来。等到他们犯了罪，然后去加以处罚，这是陷害百姓。

老而无妻曰鳏，老而无夫曰寡，老而无子曰独，幼而无父曰孤，此四者，天下之穷民而无告者。文王发政施仁，必先斯四者。《《孟子·梁惠王下》》

〔译文〕年老而没有妻子叫做鳏夫，年老而没有丈夫叫做寡妇，年老而没有子女叫做孤寡老人，年幼而没有父母叫做孤儿，这四种人是世界上穷苦而没有依靠的人。周文王施政讲仁义，必须先安顿好这四种人。

民以食为天。《汉书·郦食其传》

〔译文〕人民以饮食作为头等大事。

安身者，立天下之大本也。（明·王艮《王心斋先生遗集》卷一《语录》）

〔译文〕保全身体，是建立天下的大根本。

安其身而安其心者，上也。（王艮《王心斋先生遗集》卷一《语录》）

〔译文〕保全身体，心灵安宁，这是最高的。

如服田者，私有秋之获，而后治田必力；居家者，私积仓之获，而后治家必力；为学者，私进取之获，而后举业之治也必力。（明·李贽《藏书·德业儒臣后论》）

〔译文〕正如耕田者，私自占有秋天的收获，然后管理田地才卖力；居家者，私自占有仓库中的积蓄，然后管理家庭才尽力；读书人，私自占有获得的功名，然后事业上才尽心尽力。

八、以义制欲

若去其度制，使人人从其欲，快其意，以逐无穷，是大乱人伦，而糜斯财用也，失文采所遂生之意矣。上下之伦不别，其势不能相治，故苦乱也；嗜欲之物无限，其势不能相足，故苦贫也。今欲以乱为治，以贫为富，非反之制度不可。（汉·董仲舒《春秋繁露》卷八《爵国》）

〔译文〕如果除去限制，使人人都放纵其欲望，心意畅快，以至无限，这是扰乱了人伦而浪费财物，丧失了文饰是用来满足生命需要的本意。上下有别的人伦没有建立，势必不能治理，所以苦于动乱。欲望所需要的财物是无限的，势必不能互相满足，所以苦于贫困。现在，要从乱到治，从贫到富，非反过来节制欲望不可。

朱子曰："人只有个天理人欲，此胜则彼退，彼胜则此退，无中立不进退之理。"（宋·朱熹《续近思录》卷五）

〔译文〕朱子说："人所具有的天理与人欲，这一方进那一方就退，那一方进这一方就退，没有立定不进也不退的道理。"

朱子曰："饮食者，天理也。要求美味，人欲也。"（朱熹《续近思录》

卷五)

〔译文〕朱子说："饮食，是天理；要求味道鲜美，便是人欲。"

欲不可纵，亦不可禁者也。不可禁而强禁之，则人不从；遂不禁，任其纵，则风俗日溃。（清·费密《弘道书》卷上《统典论》）

〔译文〕欲望不可放纵，但也不可禁断。不可禁断却强行禁断，那么人们就不会依从；只满足而不禁止，任其放纵情欲，那么风俗就日益衰败。

九、由义取利

非其义也，非其道也，一介①**不以与人，一介不以取诸人。**（《孟子·万章上》）

〔译文〕如果不符合正义，如果不符合正道，即使一根小草也不随便交给人，不随便从别人那里取得。

〔注释〕①介：同"芥"，小草。

好荣恶辱，好利恶害，是君子、小人之所同也，若其所以求之之道则异矣。（《荀子·荣辱》）

〔译文〕爱好荣誉厌恶耻辱，爱好利益厌恶灾害，这是君子与小人共同之处，至于获取之道，就不同了。

临财毋苟得，临难毋苟免。（《礼记·曲礼上》）

〔译文〕面对财物不要苟且取得，面对危难不要苟且逃避。

苟非吾之所有，虽一毫而莫取。（宋·苏轼《前赤壁赋》）

〔译文〕如果不是属于我的东西，即使是一根毫毛也不能去捞取。

宁直见伐，无为曲全；宁渴而死，不饮盗泉。（明·王廷栋《矫志篇》）

〔译文〕宁可正直而受损，也不屈膝而保全；宁可干渴而死，也不愿喝盗泉之水。

宁可清贫,不可浊富。 (明·罗贯中《三遂平妖传》第三回)

〔译文〕宁可清廉地过着贫苦生活,也不能不义而富。

宁在直中取,不向曲中求。 (明·许仲琳《封神演义》第二十三回)

〔译文〕宁愿用正当的方式去获取,而不用不正当的手段去求得。

君子爱财,取之有道。 (《增广贤文》)

〔译文〕君子如果喜爱钱财,必须通过正当途径获得。

十、舍利取义

利有物质利益,也有精神利益;有个人利益,也有整体利益;有眼前利益,也有长远利益。以上各种利益,凡是符合正义原则的,则取之;凡是不符合正义原则的,则弃之。

君子喻于义,小人喻于利。 (《论语·里仁》)

〔译文〕君子明白的是义,小人明白的是利。

鱼,我所欲也;熊掌,亦我所欲也。二者不可得兼,舍鱼而取熊掌者也。生亦我所欲也,义亦我所欲也。二者不可得兼,舍生而取义者也。生亦我所欲,所欲有甚于生者,故不为苟得也;死亦我所恶,所恶有甚于死者,故患有所不辟①**也。** (《孟子·告子上》)

〔译文〕鱼是我所需要的,熊掌也是我所需要的,如果两者不能同时得到,便舍弃鱼而要熊掌。生命本是我所需要的,正义也是我所需要的,如果两者不能同时得到,便舍弃生命而求取正义。生命本是我所需要的,但如果我所需要的还有超过生命的东西,所以不苟且偷生;死亡本是我所厌恶的,但我所厌恶的还有超过死亡的东西,所以有的祸患就不躲避。

〔注释〕①辟:同"避"。

义死不避斧钺①**之诛，义穷不受轩冕**②**之荣。**（汉·刘向《新序·义勇》）

〔译文〕为正义而死，不躲避诛杀；因正义而困顿，不接受高官殊荣。

〔注释〕①钺：古代兵器。②轩冕：古代官员的车服。

见利争让，见义争为，有不善争改。（隋·王通《中说·魏相》）

〔译文〕见到利益就互相谦让，见到合乎道义的事就争着去做，有了错误就争着改正。

君子之学进于道，小人之学进于利。（王通《中说·天地》）

〔译文〕君子求学，在于获取正道；小人求学，在于追求利益。

塞得物欲之路，才堪辟道义之门；弛得尘俗之肩，方可挑圣贤之担。（明·洪应明《菜根谭·修省》）

〔译文〕堵塞住物质欲望的道路，才能够打开道义之门；放下肩上世俗的东西，才能够挑起圣贤的重担。

十一、以义制利

先义而后利者荣，先利而后义者辱。（《荀子·荣辱》）

〔译文〕先求义而后求利是光荣的，先求利而后求义是耻辱的。

仁义根于人心之固有，天理之公也。利心生于物我之相形，人欲之私也。循天理，则不求利而自无不利；殉人欲，则求利未得而害已随之。（宋·朱熹《四书章句集注·孟子集注·梁惠王章句上》）

〔译文〕仁爱和正义扎根于人心之中，为人心固有，这是公共的天理。利欲之心产生于物和我的相关之中，是个人所私有的人欲。遵循天理，不去求取利益，自己无往而不利；追求人欲，去求取利益而没有获得，危害已经随之而来了。

十二、见利思义

见利思义,见危授命,久要不忘平生之言,亦可以为成人矣。《论语·宪问》

〔译文〕看见利益便能想到正义,遇到危险而愿付出生命,长久处于穷困中都不忘记平日的诺言,也可以说是完美的人了。

人甚有利而大无义,虽甚富,则羞辱大;恶恶深,祸患重,非立死其罪者,即旋伤殃忧尔,莫能以乐生而终其身,刑戮夭折之民是也。夫人有义者,虽贫能自乐也;而大无义者,虽富莫能自存。吾以此实义之养生人大于利而厚于财也。(汉·董仲舒《春秋繁露》卷九《身之养重于义》)

〔译文〕人占有了许多利益却不讲正义,虽然很富有,但常遭羞辱而且有很大的罪恶;罪恶重,祸患大,如果不是立即死于其罪恶,也会不久就忧伤,不能终生生活快乐,这是刑戮夭折而死的人。人有正义,虽然贫穷但能快乐;而不讲正义的人,虽然富有却不能保存自己。这实在是正义养育人,比利还大,比财物还厚重。

欲思其利,必虑其害;欲思其成,必虑其败。(三国·蜀·诸葛亮《便宜十六策·思虑》)

〔译文〕想要利益,必须考虑其中的害处;想要成功,必须考虑有失败的可能。

十三、谋取公利

汤武非取天下也,修其道,行其义,兴天下之同利,除天下之同害,而天下归之也。《荀子·正论》

〔译文〕商汤、周武王并不是夺取天下,(而是)修习正道,推行正义,兴起天下共同的利益,除去天下共同的弊害,天下就归顺他们了。

国尔忘家,公尔忘私,利不苟就,害不苟去,惟义所在。(汉·贾谊《新书·阶级》)

〔译文〕因为国而忘掉家,因为公而忘掉私,有利了不苟且趋从,有害了也不苟且回避,只按正义行事。

利一而害百,君子不趋其利;害一而利百,君子不辞其害。(清·陈确《葬书·深葬说下》)

〔译文〕对自己有好处,对众人有害处,君子不追求这样的好处;对自己有害处,对众人有好处,君子不避开这样的害处。

不以一己之利为利,而使天下受其利;不以一己之害为害,而使天下释其害。(清·黄宗羲《明夷待访录·原君》)

〔译文〕不要把自己的一点私利当作(要谋取的)利益,而要让天下人都得利益;不要把自己的一点祸害当作(要避开的)祸害,而要让天下人都能避开祸害。

利在一身勿谋也,利在天下者谋之。利在一时勿谋也,利在万世者谋之。(清·金缨《格言联璧·从政》)

〔译文〕利益在自己一人身上,就不要谋取;利益在天下人身上,就要谋取。利益在眼前一时,就不要谋取;利益在千秋万代,就要谋取。

[题解]

　　"礼"是道德行为规范与文明行为规范的总和。孔子讲"不学礼，无以立"，要求"约之以礼"，"齐之以礼"；荀子也讲"礼者，所以正身也"，"礼以成文"。不能将传统礼教全盘否定，可以将传统礼教区分为中华人文礼教与封建礼教，中华人文礼教是中华民族的道德行为规范与文明行为规范，体现出仁爱、和谐、秩序、优美等原则，是需要继承和发扬的；而封建礼教则是存在于封建时代，体现君为臣纲、父为子纲、夫为妻纲、特权、尊卑、奴性等封建特色的行为规范，是必须批判和否定的。对"礼"的倡导，可以养成中华民族谦逊好礼的民族品格，获得了"礼仪之邦"的美誉。

一、礼的精神

礼是指道德的行为规范、审美的行为规范、有序的行为规范。

1. 恭敬

子曰:"居上不宽,为礼不敬,临丧不哀,吾何以观之哉?"《论语·八佾》

〔译文〕孔子说:"居于上位不宽厚,行礼不恭敬,在丧礼中不悲哀,我怎么看得下去呢?"

2. 仁爱

人而不仁,如礼何? 人而不仁,如乐何?《论语·八佾》

〔译文〕一个人如果没有仁德,怎么谈得上礼? 一个人如果没有仁德,怎么谈得上乐?

夫礼者,自卑而尊人。《礼记·曲礼上》

〔译文〕礼的精神是自己谦卑,尊重他人。

二、礼的原则

1. 真诚

祭如在,祭神如神在。子曰:"吾不与^①祭,如不祭。"《论语·八佾》

〔译文〕祭祖时感到祖先就在眼前,祭神时感到神就在眼前。孔子说:"我没有亲自参与祭祀,就等于没有祭祀。"

〔注释〕①与：参加，参与。

对忧人勿乐，对哭人勿笑，对失意人勿矜①。（明·吕坤《呻吟语·应务》）

〔译文〕不要对着忧愁的人表现出快乐，不要对痛哭的人大笑，不要对失意的人夸耀自己。

〔注释〕①矜：自我夸耀。

2. 简易

林放问礼之本。子曰："大哉问！礼，与其奢也，宁俭；丧，与其易①**也，宁戚**②**。"**（《论语·八佾》）

〔译文〕林放询问礼的根本是什么。孔子说："问得很重要！礼，与其奢侈，不如俭约；丧葬，与其治办周到，不如真正地哀伤。"

〔注释〕①易：这里意为"治办周备"。②戚：忧伤。

3. 克己

颜渊问仁。子曰："克己复礼为仁。一日①**克己复礼，天下归仁焉。为仁由己，而由人乎哉？"颜渊曰："请问其目。"子曰："非礼勿视，非礼勿听，非礼勿言，非礼勿动。"**（《论语·颜渊》）

〔译文〕颜渊问什么是"仁"。孔子说："克制自己，遵循礼仪规范，这就是仁。一旦做到了克己复礼，天下人就趋向于仁道了。践行仁道，是由自己去做，难道是由别人去做吗？"颜渊说："请问践行仁道的纲目是哪些？"孔子说："不合于礼的事不去看，不合于礼的事不去听，不合于礼的事不去说，不合于礼的事不去做。"

〔注释〕①一日：一旦。

4. 适度

礼者，中也，过则为伪不可谓①之礼。（宋·郭雍《郭氏传家易说》卷四《下经》）

〔译文〕所谓礼，就是恰到好处，过头了就成了虚伪而不再是礼了。

〔注释〕①谓：称。

5. 和谐

有子曰："礼之用，和为贵。先王之道，斯为美；小大由之。有所不行，知和而和，不以礼节之，亦不可行也。"（《论语·学而》）

〔译文〕有子说："礼在应用中，和谐最为可贵。以前圣明君王的治民之道，可贵之处就在于此；不论小事大事都依此而行。有的时候行不通，只知道一味地为和谐而和谐，不用礼来调节约束，也是不可行的。"

三、礼的价值

1. 礼以养德

子曰："道①之以政，齐②之以刑，民免而无耻；道之以德，齐之以礼，有耻且格③。"（《论语·为政》）

〔译文〕孔子说："用政令来教导人民，用刑法来整治人民，人民暂且免于犯罪，但缺乏廉耻感；用道德来教导人民，用礼仪来规范人民，人民有廉耻感而且心悦诚服。"

〔注释〕①道：通"导"，引导，教导。②齐：规范，整治。③格：亲近，服从。

礼者，所以正身也。（《荀子·修身》）

〔译文〕礼是用来端正自身的。

今人之性恶,必将待师法然后正,得礼义然后治。《《荀子·性恶》）

〔译文〕现在的人本性邪恶,必须依靠教师和法律来校正,接受礼义才得到矫治。

2. 礼以立身

兴于诗①,立于礼,成于乐。《《论语·泰伯》）

〔译文〕《诗经》激起好善恶(wù)恶之心,遵循礼才能立身处世,音乐可以成就人的道德情操。

〔注释〕①诗:指《诗经》。

恭而无礼则劳,慎而无礼则葸①,勇而无礼则乱,直而无礼则绞②。《《论语·泰伯》）

〔译文〕恭敬而不知礼,就会疲劳;谨慎而不知礼,就会畏惧;勇敢而不知礼,就会混乱;正直而不知礼,就会刻薄。

〔注释〕①葸(xǐ):畏惧的样子。②绞:刻薄。

孰知夫恭敬辞让之所以养安也!孰知夫礼义文理之所以养情也!《《荀子·礼论》）

〔译文〕谁知道恭敬辞让是用来确保平安的!谁知道义理文化是用来陶冶性情的!

故君子非礼而不言,非礼而不动。好色而无礼则流,饮食而无礼则争,流、争则乱。（汉·董仲舒《春秋繁露》卷十七《天道施》）

〔译文〕所以君子不说不合乎礼的话,不做不合乎礼的事。好女色却不遵守礼,就会放荡;饮食的时候不遵守礼,就会争夺。放荡和争夺就会导致混乱。

能行礼者,其身必安。（宋·胡瑗《周易口义·说卦》）

〔译文〕能行礼的人,他的身心性命是安适的。

3. 礼致和谐

名不正，则言不顺；言不顺，则事不成；事不成，则礼乐不兴；礼乐不兴，则刑罚不中①**；刑罚不中，则民无所错**②**手足。**《论语·子路》

〔译文〕名号不正，言辞就不顺；言辞不顺，办事就不成；办事不成，礼乐就不兴盛；礼乐不兴盛，刑罚就不得当；刑罚不得当，人民就不知道怎么做。

〔注释〕①中：得当。②错：通"措"，安置的意思。

礼，经国家、定社稷①**、序民人、利后嗣**②**者也。**《左传》隐公十一年）

〔译文〕礼，用来治理国家、安定社会、调理人民，有利于子孙后代。

〔注释〕①社稷：土神和谷神，古时君主都祭祀社稷，后来就用社稷代表国家。②后嗣：后代子孙。

人无礼则不生，事无礼则不成，国家无礼则不宁。《荀子·修身》

〔译文〕人不遵守礼就无法生活，事情不按礼仪就办不成，一个国家没有礼仪制度就不得安宁。

礼禁未然之前，法施已然之后。《史记·太史公自序》

〔译文〕礼是在行为发生之前发挥禁止的作用，法是在行为发生之后才施用。

礼者，法之大分①**，去争夺之道也。**（宋·朱震《汉上易传》卷三《上经》）

〔译文〕礼是对规章制度的极大调和，是消除争夺的方法。

〔注释〕①分：调和。

四、礼的规范

1. 尊老爱幼

乡人饮酒，杖者①**出，斯**②**出矣。**《论语·乡党》

〔译文〕同乡人在一起喝酒时，只有持杖的老人出去后，才跟着出去。

〔注释〕①杖者：持杖而行的老者。②斯：才。

2. 容颜端庄

礼义之始，在于正容体，齐颜色，顺辞令。（《礼记·冠义》）

〔译文〕礼义始于体态端庄，脸色和悦，言谈顺畅。

容貌必庄。必端严凝重，勿轻易放肆，勿粗豪狠傲，勿轻有喜怒。（宋·程端蒙、董铢《程董二先生学则》）

〔译文〕容貌必须庄重。必须端庄、严肃、稳重，不要轻慢、放肆，不要粗鲁、恶狠、傲慢，不要喜怒无常。

3. 九思九容

君子有九思：视思明，听思聪，色思温，貌思恭，言思忠，事思敬，疑思问，忿思难，见得思义。（《论语·季氏》）

〔译文〕君子在九种情况下考虑：看的时候要看清楚，听的时候要听全面，脸色要温和，举止要恭敬，说话要忠实，做事要严肃认真，有不懂的地方想到向别人请教，愤怒的时候想到可能产生的恶果，看到获得利益的时候想到道义。

足容①重，手容恭，目容端，口容止，声容静，头容直，气容肃，立容德，色容庄。（《礼记·玉藻》）

〔译文〕脚步要稳重，手势要恭敬，眼睛不要斜视，嘴巴不要乱动，不要高声喧哗，头要昂直，态度要严肃，举止要有气质，面色要庄重。

〔注释〕①容：应当。

4. 生活礼仪

兄道友　弟道恭　兄弟睦　孝在中

财物轻　怨何生　言语忍　忿自泯（清·李毓秀《弟子规》）

〔译文〕为兄之道是友爱，为弟之道是恭敬，兄弟之间和睦相处，孝道就体现在其中了。将财物看得轻一些，怨恨怎么会产生呢？说话要忍让，怨恨就会消失。

或饮食　或坐走　长者先　幼者后

长呼人　即代叫　人不在　己即到（李毓秀《弟子规》）

〔译文〕不论是用餐，或者是行走，都应该让年长者优先，年幼者在后。长辈有事呼唤人，应代为传唤，如果那个人不在，自己就到场帮忙。

称尊长　勿呼名　对尊长　勿现能

路遇长　疾趋揖　长无言　退恭立

骑下马　乘下车　过犹待　百步余（李毓秀《弟子规》）

〔译文〕称呼长辈，不能直呼姓名，在长辈面前，不要逞能。路上遇见长辈，快步向前行礼；长辈没有事，即恭敬退后站立一旁。路上遇见长辈，骑马者要下马，乘车者要下车，问候长者并等到长者离去约百步之远，才可以离开。

长者立　幼勿坐　长者坐　命乃坐

尊长前　声要低　低不闻　却非宜

进必趋　退必迟　问起对　视勿移（李毓秀《弟子规》）

〔译文〕长辈站立之时，晚辈不可以自行就坐，长辈坐定以后，指示坐下，晚辈才可以坐。在长辈前，声音要柔和适中，但音量太小让人听不清楚，也是不恰当的。走向长辈，应快步向前，离开长辈时，动作必须轻缓。当长辈问话时，应当站起来回答，眼睛不可以东张西望。

事诸父　如事父　事诸兄　如事兄（李毓秀《弟子规》）

〔译文〕对待叔叔、伯伯，要如同对待自己的父亲一样；对待同族的兄长，要如同对待自己的兄长一样。

朝起早　夜眠迟　老易至　惜此时

晨必盥　兼漱口　便溺回　辄净手（李毓秀《弟子规》）

〔译文〕早上起得早，晚上睡得迟；老年很容易来临，应当珍惜此时此刻。早晨起床后，务必洗脸、刷牙、漱口。大小便后回来，一定要洗手。

冠必正　纽必结　袜与履　俱紧切

置冠服　有定位　勿乱顿　致污秽（李毓秀《弟子规》）

〔译文〕帽子要戴端正，衣服扣子要扣好，袜子穿平整，鞋带应系紧。帽、鞋袜的放置都要有固定位置，不要乱放，避免脏乱。

衣贵洁　不贵华　上循份　下称家

对饮食　勿拣择　食适可　勿过则

年方少　勿饮酒　饮酒醉　最为丑（李毓秀《弟子规》）

〔译文〕穿衣服要注重整洁，不必讲究华丽；穿着要符合自己的身份及场合，要与自己的家境相应。对于日常饮食，不要挑拣偏食，食量适中，不要过饱。年纪小，不可以饮酒，饮酒过量而醉倒，丑态毕露。

步从容　立端正　揖深圆　拜恭敬

勿践阈①　勿跛倚　勿箕踞　勿摇髀（李毓秀《弟子规》）

〔译文〕走路时步伐从容稳重，站立要端正，行礼时要把身子深深地躬下，跪拜时要恭敬尊重。进门时不要踩到门槛，站立时要避免身子歪曲斜倚，坐着时不要双脚展开，腿更不可以抖动。

〔注释〕①践：践踏。阈：门槛。

缓揭帘　勿有声　宽转弯　勿触棱

执虚器　如执盈　入虚室　如有人

事勿忙　忙多错　勿畏难　勿轻略

斗闹场　绝勿近　邪僻事　绝勿问<small>（李毓秀《弟子规》）</small>

〔译文〕轻缓地开门揭帘子，避免发出声响；在转弯时，保持较宽的距离，才不会碰到棱角伤了身体。拿空的器具要像拿盛满的一样小心；进到没人的屋子里，要像进到有人的屋子里一样。

做事不要匆忙慌张，因为忙中容易出错，不要畏难，也不可以草率、随便。凡是争吵打斗的不良场所，不要接近；邪恶下流、荒诞不经的事，绝对不要去询问。

将入门　问孰存　将上堂　声必扬

人问谁　对以名　吾与我　不分明

用人物　须明求　倘不问　即为偷

借人物　及时还　后有急　借不难<small>（李毓秀《弟子规》）</small>

〔译文〕入门之前，应问有没有人；进入客厅之前，应该出声让人知道。如果有人问"你是谁"，应该回答名字，而不是说"是我"，让人无法分辨。

借用别人的物品，一定要明明白白地请求；如果没有事先征求同意，擅自取用就是偷窃的行为。借来的物品，准时归还，以后若有急用，再借就不难。

卷四

智

[题解]

"智"包括重视教育的精神、重视文化的精
神、理性精神、科学精神、求实精神、批判精神、反
思精神、与时俱进的精神等。孔子作为伟大的思
想家、教育家,非常重视"智",他说"知(智)者不
惑",提倡"学而不厌,诲人不倦",《大学》中讲"格
物致知"。在封建时代专制主义的压迫之下,
"智"受到了极大损害,出现了迷信与盲从的劣
性。新文化运动时期倡导"科学精神",改革开放
时代倡导"实事求是"、"解放思想",就是要回到
"智"的正道上来。要坚持"仁智统一",否则"智"
便会流于狡诈。倡导"智"的精神,可以养成中华
民族重视文化、崇尚科学、尊师重道、求真务实的
民族品格。

一、求实精神

1. 真理是与客观实在相符合的认知成果

言必有三表。何谓三表？子墨子言曰：有本之者，有原之者，有用之者。于何本之？上本之于古者圣王之事。于何原之？下原察百姓耳目之实。于何用之？发以为刑政，观其中国家百姓人民之利。（《墨子·非命上》）

〔译文〕言论必须有三个方面的验证。哪三个方面呢？老师墨子说：有考察它的来源，有考察它的本原，有用之于实践。从何处考察它的来源？它来源于古代圣王的事迹。从何处考察它的本原？向下考察百姓耳闻目睹的事实。在什么地方用它？把它用在刑罚政务上，从中观察国家百姓的利益(是否实现)。

天不为人之恶寒也，辍冬；地不为人之恶辽远也，辍广；君子不为小人之匈匈也，辍行。天有常道矣，地有常数矣，君子有常体矣。君子道其常，而小人计其功。（《荀子·天论》）

〔译文〕天不因为人们厌恶寒冷，就使冬天停止；大地不因为人们厌恶辽远，就缩小它的宽广；君子不因为小人的吵吵闹闹，就放弃自己的德行。天有它确定的规律，地有它确定的法则，君子有他确定的行为规范。君子奉行常道，小人却计较功利得失。

事莫明于有效，论莫定于有证。（汉·王充《论衡·薄葬》）

〔译文〕事情没有比有效验更明确的了，言论没有比有证据更确实的了。

听言之道，必以其事观之，则言者莫敢妄言。（《汉书·贾谊传》）

〔译文〕听取别人言论的方法，一定要用所谈论到的事情作验证，那么谈论它的人就不敢乱说了。

能必副其所。（清·王夫之《尚书引义·召诰无逸》）

〔译文〕主体的认识必须符合客观对象。

2. 名与实相统一

名者所以名实也，实立而名从之，非名立而实从之也。（汉·徐干《中论·考伪》）

〔译文〕名是用来命名事物的，事物确立了，名称就随之产生了。不是名称确立了而事物才跟着出现。

非天所有，名因人立。名非天造，必从其实。（清·王夫之《思问录·外篇》）

〔译文〕不是天生具有的，名称是为人而建立的。名称并不是天生造成的，必须依据事实。

二、实践精神

1. 实践是检验真理的主要方式

井蛙不可以语于海者，拘于虚也；夏虫不可以语于冰者，笃于时也。（《庄子·秋水》）

〔译文〕对井底之蛙不能说清楚大海是怎样的，因为它没有实际经历；对夏天的虫子不能说清楚冰是怎样的，因为它受时间的限制。

不登高山，不知天之高也；不临深溪，不知地之厚也。（《荀子·劝学》）

〔译文〕不登上高山，就不会知道天有多高；不走近深谷，就不知道地有多厚。

无参验①而必②之者，愚也。（《韩非子·显学》）

〔译文〕没有经过检验而肯定它，那是愚蠢的。

〔注释〕①参验：验证。②必：肯定。

百闻不如一见。（《汉书·赵充国传》）

〔译文〕听到一百次也比不上看见一次。

2. 知识与实践相辅相成

非知之艰，行之惟艰。（《尚书·说命中》）

〔译文〕不是认识艰难，付诸行动才是艰难。

精义入神，以致用也。（《周易·系辞下》）

〔译文〕深刻领会，学以致用。

博学之，审问之，慎思之，明辨之，笃①行之。（《中庸》第二十章）

〔译文〕要广泛地学习，详尽地探讨，慎重地思考，明确地辨别，切实地实践。

〔注释〕①笃：切实。

知与行常相须①，如目无足不行，足无目不见。（宋·朱熹《续近思录》卷二）

〔译文〕知识与实践相互需要，正如有眼睛没有脚，就不能走路；有脚没有眼睛，就看不见路。

〔注释〕①须：需要。

知与行功夫，须着并到。知之愈明，则行之愈笃；行之愈笃，则知之益明。二者皆不可偏废。（《朱子语类》卷十四）

〔译文〕认知与实践的功夫应该同时下。认知得越明白，行动就会越切实；行动越切实，认知就会越明白。认知与实践两者不可偏废。

学者当务实。（宋·杨时《二程粹言·论学》）

〔译文〕治学者应在实际事务上下功夫。

行而后知有道。(清·王夫之《思问录·内篇》)

〔译文〕行动,然后才知道真理。

三、批判精神

多闻阙疑,慎言其余,则寡尤[①]**;多见阙殆,慎行其余,则寡悔。**
(《论语·为政》)

〔译文〕多听,保留疑问,谨慎地谈论其他未听到的事,就会减少错误;多看,保留疑问,谨慎地做其他未曾见过的事,就能减少后悔。

〔注释〕①尤:过错。

尽信《书》,则不如无《书》。(《孟子·尽心下》)

〔译文〕完全相信《尚书》,那就不如没有《尚书》。

两刃相割,利钝乃知;二论相订,是非乃见。(汉·王充《论衡·案书》)

〔译文〕两把刀互相切割,是利是钝就可知道;两种见解相互比较,是非就会分明。

为学患无疑,疑则有进。(宋·陆九渊《陆象山集·语录》)

〔译文〕学习就怕没有怀疑,有了怀疑,就会有进步。

夫学贵得之心,求之于心而非也,虽其言之出于孔子,不敢以为是也,而况其未及孔子者乎? 求之于心而是也,虽其言之出于庸常,不敢以为非也,而况其出于孔子者乎?(明·王守仁《传习录》中)

〔译文〕学习贵在得到自己心灵的认可,向自己心灵寻求,发觉它是错的,即使它是来自于孔子之言,我不能认为它就是正确的,更何况是来自于那些不如孔子的人? 在自己的心灵中验证,发觉它是正确的,即使它是来自于平庸之人,我也不能认为它是错误的,更何况是来自于孔子?

夫道,天下之公道也;学,天下之公学也。非朱子可得而私也,非孔子可得而私也。天下之公也,公言之而已矣。故言之而是,虽异于己也,乃益于己也;言之而非,虽同于己,适损于己也。益于己者,己必喜之;损于己者,己必恶之。(王守仁《传习录》中)

〔译文〕道,是天下公有的道;学,是天下公有的学,并不是朱熹个人私有的,也不是孔子个人私有的。对天下公有的东西,只能秉公而论。所以,正确的言论,即便与自己的意见不同,也对自己有益;错误的言论,即便与自己的意见相同,也对自己有损害。对自己有益的,一定会喜欢它;对自己有害的,一定会厌恶它。

师其意,不泥①其迹。(明·戚继光《练兵纪要·练将》)

〔译文〕学习其内在精神,不拘泥于具体方法。

〔注释〕①泥:拘泥。

四、创新精神

有一派学问,则酿出一种意见,有一种意见,则创出一般言语。无意见则虚浮,虚浮则雷同矣。(明·袁宗道《白苏斋集·论文》)

〔译文〕有自成一派的学问,就能产生独特的见解,有独特的见解,就能创造出独具风格的作品。没有独特见解,文章就虚浮,虚浮,就会与别人雷同。

学者当自树其帜。(清·郑燮《与江宾谷、江禹九书》)

〔译文〕学者应当自己独树一帜。

五、坚持真理

子绝四:毋意①,毋必②,毋固③,毋我④。(《论语·子罕》)

〔译文〕孔子杜绝四种毛病：不凭空臆测，不绝对肯定，不固执己见，不自以为是。

〔注释〕①意：通"臆"。②必：必定。③固：固执。④我：自以为是。

凡人之患，蔽于一曲①，而暗②于大理。《荀子·解蔽》

〔译文〕大凡人的毛病，在于被局部现象所蒙蔽，不清楚大的道理。

〔注释〕①曲：局部。②暗：昏暗，不清楚。

彼亦一是非，此亦一是非。果且有彼是乎哉？果且无彼是乎哉？彼是莫得其偶，谓之道枢。枢始得其环中，以应无穷。《庄子·齐物论》

〔译文〕那里有那里的是与非，这里有这里的是与非。果真是有彼此的分别吗？果真是无彼此的分别吗？彼与此没有各自的对立面，这就是道的枢纽。道的枢纽位于圆环的中心，以对应事物的无穷方面。（说明：如果从某一角度来看，只能看到事物的某一方面。因此，必须站到事物内部去，以事物的内部为中心，环顾事物的方方面面，对事物才能有全面的认识。）

差若毫厘，缪①以千里。《礼记·经解》

〔译文〕极小的误差，就会造成极大的错误。

〔注释〕①缪：通"谬"，错失。

爱之则不觉其过，恶之则不觉其善。《后汉书·爰延列传》

〔译文〕喜爱一个人就不会觉察他的过错，厌恶一个人就不会觉察他的善的一面。

若以合境之心观境，终身不觉有恶；如将离境之心观境，方能了见是非。（唐·司马承祯《坐忘论·真观》）

〔译文〕如果你陷在圈子里面，去看圈子里面的事物，一辈子都不会发现存在着丑恶；如果你能跳出圈子，去看圈子里面的事物，你才能辨明是非。

当局者迷，旁观者清。《新唐书·元行冲传》

〔译文〕当事人迷惑，旁观者清楚。

心有所是，必有所非。若贵一物，则被一物惑；若重一物，则被一物惑。（宋·赜藏主《古尊宿语录》卷二"怀海禅师"）

〔译文〕心中有所肯定，必定会有所否定。如果珍爱一物，就被一物所迷惑；如果看重一物，就被一物所迷惑。

六、学习目的

1. 增长知识

吾尝①终日不食，终夜不寝，以思，无益，不如学也。（《论语·卫灵公》）

〔译文〕我曾经整天不吃，整夜不睡来思考，但都没有益处，还不如学习。

〔注释〕①尝：曾经。

玉不琢，不成器；人不学，不知道。（《礼记·学记》）

〔译文〕玉石不经过雕琢，就不能成为玉器；人不学习，就不懂得道理。

剑虽利，不厉①不断；材虽美，不学不高。（汉·韩婴《韩诗外传》）

〔译文〕剑虽然锋利，但不磨砺就不能斩断（东西）；人的材质虽好，但不学习就不能提高。

〔注释〕①厉：同"砺"，此指磨刀石。

2. 养成品性

子曰："德之不修，学之不讲，闻义不能徙①，不善不能改，是吾忧也。"（《论语·述而》）

〔译文〕孔子说："不培养品德，不讲学问，闻知义理却不向往，不能改掉不好之处，这是我所忧虑的。"

〔注释〕①徙：迁移。

好仁不好学，其蔽也愚；好知不好学，其蔽也荡；好信不好学，其蔽也贼；好直不好学，其蔽也绞；好勇不好学，其蔽也乱；好刚而不好学，其蔽也狂。（《论语·阳货》）

〔译文〕喜好仁德而不喜欢学习，它的弊病是愚昧；喜好聪明而不喜欢学习，它的弊病是放荡；喜好诚实而不喜欢学习，它的弊病是贼害（自己）；喜好正直而不喜欢学习，它的弊病是刻薄；喜好勇敢而不喜欢学习，它的弊病是混乱；喜好刚强而不喜欢学习，它的弊病是狂妄。

饱食暖衣，逸居而无教，则近于禽兽。（《孟子·滕文公上》）

〔译文〕（一个人只知）吃得饱，穿得暖，住得安逸，却不接受教化，就接近于禽兽。

虽有佳肴，弗食，不知其旨①**也；虽有至道，弗学，不知其善也。是故学然后知不足，教然后知困**②**。知不足，然后能自反也；知困，然后能自强也。故曰：教学相长也**。（《礼记·学记》）

〔译文〕虽然有精美的食物，如果不吃它，就不知道它的味道美；虽然有高深的道理，不学习它，就不知道它的奥妙。所以通过学习，然后才知道不足；通过教，才知道（自己知识的）贫乏。知道自己的不足，然后能反求于自己；知道（自己知识的）贫乏，然后能够自强。所以说，教和学是互相促进的。

〔注释〕①旨：味美。②困：困惑。

器不饰则无以为美观，人不学则无以有懿①**德**。（汉·徐干《中论·治学》）

〔译文〕器具不修饰就不能把它看做是美观的，人不学习就没有什么来成就美德。

〔注释〕①懿：美好。

教之治性，犹药之治病。（晋·孙绰《孙子》）

〔译文〕教育能够陶冶情性，就好比药物能够治病。

人无常心，习以成性；国无常俗，教则移风。（唐·白居易《策林》）

〔译文〕人没有不变的本性，学习就能形成好习性；国家没有不变的习俗，教化能够改变风气。

爱之不以道，适①所以害之也。（《资治通鉴》卷九十六）

〔译文〕爱护他，却不引导他走上正道，那么正好是害了他。

〔注释〕①适：正是。

鱼离水则鳞枯，心离书则神索①。（清·金缨《格言联璧·学问》）

〔译文〕鱼离开了水，鳞甲就会枯死；心离开了书，精神就会感到空虚。

〔注释〕①索：孤单。

3. 遵行正道

敏于事而慎于言，就①有道而正②焉，可谓好学也已。（《论语·学而》）

〔译文〕做事敏捷而说话谨慎，就教于有道之人来纠正自己（的错误），就可以叫做好学了。

〔注释〕①就：接近。②正：纠正。

大人之学也为道，小人之学也为利。（汉·扬雄《法言·学行》）

〔译文〕君子学习是为了（寻求）道理，小人学习是为了（求）利。

日月两轮天地眼，诗书万卷圣贤心。（宋·朱熹"白鹿洞书院联"）

〔译文〕太阳月亮，是天地的眼睛；诗书万卷，是圣贤心灵的显现。

4. 培养能力

君子藏①器②于身，待时而动。（《周易·系辞下》）

〔译文〕君子在自己身上积蓄才干，等候时机发挥出来。

〔注释〕①藏：积蓄。②器：才干。

积财千万，不如薄伎^①在身。（北齐·颜之推《颜氏家训》）

〔译文〕蓄积了千万钱财，不如自己掌握小小的技艺。

〔注释〕①伎：同"技"。

七、智的价值

1. 明辨是非

是非之心，智之端也。（《孟子·公孙丑上》）

〔译文〕明辨是非之心，是智慧的萌芽。

2. 指导行为

凡人欲舍行为，皆以其智先规而后为之。（汉·董仲舒《春秋繁露》卷八《必仁且智》）

〔译文〕大凡人们要有行动，都要用他们的智来加以辨别，然后才去做。

智明然后能择。（宋·程颢、程颐《二程集·河南程氏粹言》卷一《论学篇》）

〔译文〕只有具备了聪明才智才能做出正确的选择。

3. 自知知人

知人者智，自知者明。（《老子》第三十三章）

〔译文〕能认识他人叫做智慧，能认识自己的才算聪明。

知己者，智之端也，可推以知人也。（宋·王安石《王文公文集》卷二十六《荀卿》）

〔译文〕认识自己是智慧的开始,可以用此来推知他人。

知过之谓智,改过之谓勇。(清·陈确《陈确集》卷二《别集》)

〔译文〕能认识自己过错的人是智者,能改正自己过错的人是勇者。

4. 成就美德

仁者不忧,知①**者不惑,勇者不惧**。(《论语·宪问》)

〔译文〕仁爱的人不会忧愁,有智慧的人不会困惑,勇敢的人不会恐惧。

〔注释〕①知:同"智"。

知、仁、勇三者,天下之达德也。(《中庸》第二十章)

〔译文〕智慧、仁爱和勇敢是天下通行不变的道德。

八、仁智统一

1. 仁智分裂

能愈多而德愈薄。(《淮南子·本经》)

〔译文〕智能越多,品德越浅薄。

爱人不以理,适是害人;恶人不以理,适是害己。(清·魏际瑞《魏伯子文集》卷八)

〔译文〕爱别人却不依照一定道理去爱,就会害了别人;厌恶别人而不依照一定道理去厌恶,就会害了自己。

2. 仁智统一

仁之实,事亲是也;义之实,从兄是也;智之实,知斯二者弗去是也。(《孟子·离娄上》)

〔译文〕仁爱的实质在于敬爱父母双亲;道义的实质源于尊敬兄长;智慧的本质就在于明白前二者并坚持去做。

仁者所以[1]**爱人类也,智者所以除其害也。**(汉·董仲舒《春秋繁露》卷八《必仁且智》)

〔译文〕仁德,是用来爱人类的;智慧,是用来除去对人类有危害的东西的。

〔注释〕① 所以:用来。

3. 德才兼备

故不仁不智而有材能,将以其材能以辅其邪狂之心,而赞其僻违之行,适足以大其非而甚其恶耳。(汉·董仲舒《春秋繁露》卷八《必仁且智》)

〔译文〕所以,没有仁德没有智慧而只有才能,就会将他的才能用来辅助他的邪恶、狂妄之心,辅助他的恶逆行为,这恰好足以扩大他的错误,增加他的罪恶。

才者,德之资也;德者,才之帅也。(《资治通鉴》卷一)

〔译文〕才是德的依凭;德是才的统帅。

君子挟才以为善,小人挟才以为恶。(《资治通鉴》卷一)

〔译文〕君子挟持着才华去行善,小人挟持着才华去作恶。

小人只怕他有才,有才以济之,流害无穷。(明·吕坤《呻吟语·用人》)

〔译文〕就怕小人有才,有才会助其行恶,祸害无穷。

九、知行合一

道德知识与道德践行是同一生命过程的两个方面，结合为一个整体。

1. 知行分离

逮①其后世，功利之说日浸以盛，不复知有明德亲民之实，士皆巧文博词以饰诈，相规以伪，相轧以利，外冠裳而内禽兽，而犹或自以为从事于圣贤之学。如是而欲挽而复之三代，呜呼其难哉！吾为此惧，揭②知行合一之说，订致知格物之谬，思有以正人心息邪说，以求明先圣之学。（明·王守仁《王文成公全书》卷八《书林司训卷》）

〔译文〕到了后世，功利之说越来越兴盛，不再知道有实实在在的明德亲民，士人都用花言巧语来粉饰自己的狡诈，用虚伪的言词互相规劝，因为利益的不同而相互倾轧，外表衣冠楚楚，内心却是禽兽，然而仍自认为是从事于圣贤之学。这样就想挽救世道，回复到三代，唉，真难啊！我为此担心，提出了知行合一的学说，纠正致知格物的谬误。想以此来端正人心，消除歪理邪说，以求弘扬先圣之学。

〔注释〕①逮：到，及。②揭：提出。

若行而不能精察明觉，便是冥①行，便是"学而不思则罔"，所以必须说个知。知而不能真切笃实②，便是妄想，便是"思而不学则殆"，所以必须说个行。（王守仁《王文成公全书》卷六《答友人问》）

〔译文〕如果践行当中没有精察明觉，这便是盲目的践行，这便是"学而不思则罔"，所以必须说一个"知"字。知道义理而不能达到真实、深刻的程度，便是妄想，便是"思而不学则殆"，所以，必须说一个"行"字。

〔注释〕①冥：昏暗。②笃实：坚实。

外心以求理，此知行之所以二也；求理于吾心，此圣门知行合一之教。（明·王守仁《传习录》中）

〔译文〕在心之外寻求义理，这就是知与行分为二；在我的心中寻求义理，这是圣人门下知行合一的教导。

如言学孝，则必服劳奉养，躬行孝道，然后谓之学，岂徒悬空口耳讲说而遂①**可以谓之学孝乎？**（王守仁《传习录》中）

〔译文〕如果说要学习孝道，就必须辛劳供养，亲身践行孝道，然后才叫做学习孝道，难道仅仅是空谈就可以说成是学习孝道吗？

〔注释〕①遂：就。

2. 为仁由己

君子之学也，入乎耳，著①**乎心，布**②**乎四体**③**，形**④**乎动静**⑤**。**（《荀子·劝学》）

〔译文〕君子所学习的道理，入于耳，保存于心，表现在四肢上，体现在日常行动中。

〔注释〕①著：保存。②布：表现。③四体：即四肢。④形：体现。⑤动静：举止。

圣人之道入乎耳，存乎心，蕴之为德行，行之为事业。彼以文辞而已者，陋矣。（宋·周敦颐《通书·陋》）

〔译文〕圣人之道进入自己的耳朵里，存放在自己的心灵中，内化于己而成为德行，将它付诸实践而成就事业。那些以（圣人的）文辞标榜自己的人，太浅薄了。

学不要穷高极远，只言行上检点便实。今人论道，只论理，不论事；只说心，不说身。其说至高，而荡然无守，流于空虚异端之归。

（宋・朱熹《续近思录》卷二）

〔译文〕学习不要好高骛远，只要在自己的言行上检点就行了。现在的人论道，只空谈道理，不谈论事情；空谈心性，不身体力行。他们的说法很高妙，但是空荡荡的，无法操作，流于空虚之中，流于异端邪说。

读书穷理当体之于身……读书不可只就纸上求理义，须反来就自身上推究。（《朱子语类》卷六）

〔译文〕读书，穷究道理，应当亲身体验……读书不能单从书本上寻求义理，应该反过来亲身践行。

心中醒①，口中说，纸上作，不从身上习过，皆无用也。（清·颜元《颜元集·存学编》卷二）

〔译文〕心中明白，嘴中谈论，纸上写出来，但不是自己亲身做过，都是无用的。

〔注释〕①醒：悟。

3. 知行统一

知其如何而为温清之节，则必实致其温清之功，而后吾之知始至；知其如何而为奉养之宜，则必实致其奉养之力，而后吾之知始至，如是乃可以为致知耳。（明·王守仁《王文成公全书》卷八《书诸阳伯卷》）

〔译文〕知道（使父母）暖和或凉爽的仪节，就必须从实际中产生暖和或凉爽的功效，然后我的真知才到来；知道该如何（对父母）敬奉和供养，就必定从实际中致力于敬奉和供养，然后我的真知才到来，这样才可以算是"致知"。

知是行的主意，行是知的工夫；知是行之始，行是知之成。（明·王守仁《传习录》上）

〔译文〕认知是践行的主观精神，践行是认知的实际功夫；认知是践行的开始,践行是认知的实现。

若鄙人所谓致知格物者,致吾心之良知于事事物物也。吾心之良知即所谓天理也,致吾心良知之天理于事事物物,则事事物物皆得其理矣。（王守仁《传习录》中）

〔译文〕至于我所说的"致知格物",是在万事万物中展现我心中的良知。我心中的良知就是天理,在万事万物中展现我心中的良知,那么万事万物之中就存在义理了。

知之真切笃实处即是行,行之明觉精察处即是知。（王守仁《传习录》中）

〔译文〕道德认知的真实深刻处,即是践行;践行的明觉精察处,即是道德认知。

4. 道德践行

我今说个知行合一,正要人晓得一念发动处便即是行了。发动处有不善,就将这不善的念克倒了。须要彻根彻底,不使那一念不善潜伏在胸中,此是我立言宗旨。（明·王守仁《传习录》下）

〔译文〕我今天谈论知行合一,正是需要人们晓得,一个念头产生之处,就是行了。念头产生之处若有不善,就要将这不善的念头消除,而且要从根本上彻底消除,不使那个不善的念头潜伏在心中,这就是我的立言宗旨。

盖心之本体本无不正,自其意念发动而后有不正。故欲正其心者,必就其意念之所发而正之。凡其发一念而善也,好之真如好好色;发一念而恶也,恶之真如恶恶臭,则意无不诚而心可正矣。（明·王守仁《王文成公全书》卷二十六《大学问》）

〔译文〕心的本体,本来是正的,因为意念产生然后才有不正。所以要端正人心，必须就在他欲念产生之处纠正他。凡是他有一个善的念头萌生，喜好它真的就如同喜好美色一样；凡是他有一个恶的念头产生，厌恶它真的就如同厌恶难闻的气味一样，那么意念就无不是真诚的，心就得以端正了。

十、学习之道

1. 因材施教

导人必因①**其性，治水必因其势。**(汉·徐干《中论·贵言》)

〔译文〕教育人一定要依据人的特性，治理水必须根据水流的态势。

〔注释〕①因：依，顺着。

教人至①**难，必尽人之材，乃不误人。**(宋·张载《张子全书·语录抄》)

〔译文〕教育人很难，一定要挖掘人的潜能，才不会耽误人。

〔注释〕①至：最。

圣人施教，各因其材，小以成小，大以成大，无弃人也。(宋·朱熹《四书章句集注·孟子集注·尽心章句上》)

〔译文〕圣人施行教育，必须依据各人的资质。资质差的，就培养成低一级的人才；资质好的，就培养成高一级的人才，不会有被遗弃的人。

2. 博专统一

博学而笃志，切问而近思。(《论语·子张》)

〔译文〕广博学习又能志向专一，向别人请教又勤于思考。

明鉴所以照形也，往古所以知今也。(汉·贾谊《新书·胎教》)

〔译文〕明亮的镜子是用来照见形体的，过去的往事是用来了解现在的。

读书百遍,而义自见。（南朝·宋·裴松之《三国志》注）

〔译文〕书多读几遍,道理自然就明白了。

读书破万卷,下笔如有神。（唐·杜甫《奉赠韦左丞丈二十二韵》）

〔译文〕读通了很多的书,写起文章来如有神灵在帮助一般。

学贵专,不以泛滥为贤。（宋·程颐《为家君作试汉州学策问之二》）

〔译文〕学习贵在精专,而不以泛泛而学为可贵。

须是今日格一件,明日又格一件,积习既多,然后脱然自有贯通处。（宋·程颢、程颐《二程遗书》卷十八）

〔译文〕必须是今日穷究一物,明日又穷究一物,积累多了,然后自然有豁然贯通之处。

天下之事,非一人所能周知,亦非一人所能独成,必兼收博采,治理可望焉。（元·张养浩《风宪忠告·荐举第六》）

〔译文〕天下的事情,不是一个人所能完全知道的,也不是一个人所能独自搞成的,一定要兼收并蓄,博采众长,才有希望做好。

学博而后为约①,事历而后知要②。（明·王廷相《慎言·见闻》）

〔译文〕学习广博,然后才能得到要领;亲历事情,然后才知道其本质。

〔注释〕①约:要领,要点。②要:本质。

3. 虚心求教

三人行,必有我师焉。择其善者而从之,其不善者而改之。（《论语·述而》）

〔译文〕几个人走在一起,必定有我的老师在其中。选择其中的优点来学习,对于缺点就要改正。

敏而好学,不耻下问。（《论语·公冶长》）

〔译文〕聪明好学,不把向不如自己的人请教看作耻辱。

善学者,假人之长以补其短。《吕氏春秋·用众》

〔译文〕善于学习的人,取人之长来补己之短。

不能虚心退步,徐观圣贤之所言以求其意,而直以己意强置其中,所以不免穿凿破碎之弊。(宋·朱熹《续近思录》卷二)

〔译文〕不能虚心谦让,仔细品味圣贤所说的话来寻求他们的本意,而是以自己的意见强行放置于其中,所以不免有穿凿附会、支离破碎的弊端。

境遇休怨我不如人,不如我者尚众;学问休言我胜于人,胜于我者还多。(清·李惺《西沤外集·药言剩稿》)

〔译文〕在境遇上不要埋怨我不如别人,不如我的人还很多;学问上不要讲我胜过别人,胜过我的人还很多。

4. 温故知新

温故而知新,可以为师矣。《论语·为政》

〔译文〕温习旧知识时能有新的体会和发现,就可以做老师了。

时时温习,觉滋味深长,自有新得。《朱子语类》卷二十四)

〔译文〕时时温习就会觉得其味无穷,自然会有新的收获。

5. 循序渐进

未得乎前,则不敢求其后;未通乎此,则不敢志乎彼。(宋·朱熹《朱文公文集》卷七十四)

〔译文〕如果不获得前面的知识,就不能去寻求后面的知识;不理解这个问题,就不能理解另外的问题。

读书之法,莫贵于循序而致精。(朱熹《朱文公文集》卷十四《甲寅行宫便殿奏札二》)

〔译文〕读书的方法,最好是循序渐进,达到精微之处。

6. 熟读精思

观书先须熟读,使其言皆若出于吾之口。继以精思,使其意皆若出于吾之心,然后可以有得尔。(宋·朱熹《读书之要》)

〔译文〕看书首先必须熟读,使书中的话就像从自己口中说出的一样。然后进行细致认真的思考,使书中的意思都好像是出自于自己的心中,这样就可以说有收获了。

读书惟在记牢,则日见进益。(宋·陈善《扪虱新话》)

〔译文〕读书只有牢记在心,才能每天都有效果。

7. 重在心悟

今之治经者亦众矣,然而买椟还珠之蔽,人人皆是。经所以载道也。诵其言辞,解其训诂,而不及道,乃无用之糟粕耳。(宋·程颐、程颢《二程文集》卷十四《与方元寀手帖》)

〔译文〕今天研读经书的人也太多了,但是像买椟还珠那样的毛病,人人都有。经书,是借以记载大道的。诵读了经书的文辞,理解了字句含义,却没有悟到其中的大道,那就变成无用的糟粕了。

读书有三到,谓心到、眼到、口到。(宋·朱熹《训学斋规》)

〔译文〕读书有"三到":就是心到、眼到、口到。

只要解心。心明白,书自然融会。若上心不通,只要书上文义通,却自生意见。(明·王守仁《传习录》下)

〔译文〕必须是心中领会。心中明白了,书中的含义自然融会贯通。如果心中不理解,只去解释书上的文义,就会产生歧义。

8. 读无字书

前事之不忘，后事之师。《战国策》卷十六）

〔译文〕不忘记前面发生的事情，可以作为将来所做的事情的老师。

古人言语，俱是自家经历过来，所以说的亲切。遗之后世，曲当人情。若非自家经过，如何得他许多苦心处？（明·王守仁《传习录》下）

〔译文〕古人的言论，都是自己亲身经历过来的，因此说得十分亲切。流传到后世，还能符合人情。若不是自己经历过，如何会得到他那么多的良苦用心之处？

人解读有字书，不解读无字书；知弹有弦琴，不知弹无弦琴。（明·洪应明《菜根谭》）

〔译文〕人们知道读有字的书，不知道读无字的书；知道弹有弦的琴，不知道弹无弦的琴。

读有字书，却要识没字理。（明·鹿善继《四书说约》）

〔译文〕读有字的书，却要识得没有文字记载的道理。

世事洞明皆学问，人情练达即文章。（清·曹雪芹《红楼梦》第五回）

〔译文〕明了世间事务，那就是学问；做人干练而通达，那就是文章。

不经一事，不长一智。（曹雪芹《红楼梦》第六十回）

〔译文〕不经历一件事情，就不会增长一分智慧。

9. 尊师重道

师必胜理、行义，然后尊。《吕氏春秋·劝学》）

〔译文〕老师必须讲道理，行正义，然后才能得到尊敬。

不言而信，不怒而威，师之谓也。（汉·韩婴《韩诗外传》）

〔译文〕不讲话就有信誉，不发怒却有威严，就是老师的样子。

师者，所以传道、受①业、解惑②也。人非生而知之者，孰③能无

惑？惑而不从师,其为惑也,终不解矣。 (唐·韩愈《师说》)

〔译文〕老师是传授道理、讲授学业、解决疑难问题的。人不是生下来就有知识的,谁能没有疑惑呢？有了疑惑而不请教老师,这个疑惑就始终不会得到解决。

〔注释〕①受:同"授"。②惑:疑难。③孰:疑问代词,谁。

爱之太殷,忧之太勤……虽曰爱之,其实害之;虽曰忧之,其实仇之。 (唐·柳宗元《种树郭橐驼传》)

〔译文〕爱护太多,担忧太多……虽说是关心它,其实是害了它;虽说是为它担忧,其实是仇视它。

正人说邪法,邪法悉皆正;邪人说正法,正法悉皆邪。 (《五灯会元》卷四"从谂禅师")

〔译文〕正派的人讲说邪法,邪法都会变成正理;邪恶的人讲说正理,正理也会变成邪法。

凡攻我之失者,皆我师也。 (明·王守仁《教条示龙场诸生》)

〔译文〕凡是批评我的过失的人,都是我的老师。

必以修身为本,然后师道立。 (明·王艮《心斋语录》)

〔译文〕一定要以修养自己为根本,这样才能树立师道。

教子须是以身率先。 (明·陆世仪《思辨录辑要》)

〔译文〕教导子女必须自己带头去做。

学问无大小①,能者为尊。 (清·李汝珍《镜花缘》引俗语)

〔译文〕求学问不分年龄大小,有才能的人为尊。

〔注释〕①大小:年长年幼。

教以言相感,化以神相感。 (清·魏源《默觚·治篇》)

〔译文〕"教"是用言语来感染对方,"化"是用精神来感染对方。

10. 启发教学

不愤[①]**不启，不悱**[②]**不发。举一隅不以三隅反，则不复也。**《论语·述而》

〔译文〕不到他想问题而想不清的时候，我不会去启发他；不到想表达而说不出的时候，我不会去启发他。教给他某一个方面，他不能由此而推知相关的其他三个方面，我就不再教他了。

〔注释〕①愤：憋闷，郁积。②悱：想说而又说不出的样子。

学而不思则罔[①]**，思而不学则殆**[②]**。**《论语·为政》

〔译文〕学了不思考就迷惘，思考了却不学就危险了。

〔注释〕①罔：迷惘。②殆：危险。

11. 专心致志

锲而舍之，朽木不折；锲而不舍，金石可镂[①]**。**《荀子·劝学》

〔译文〕刻几下就放下，连朽木头也刻不断；如果不停地刻，就是坚硬的金属和石头也能雕刻成器。

〔注释〕①锲、镂：雕刻。

心不在焉[①]**，视而不见，听而不闻，食而不知其味。**《大学》传第七章）

〔译文〕心意不用于此，那么就会视而不见，听而不闻，吃了也不知其滋味。

〔注释〕①焉：于此。

12. 勤奋学习

少壮不努力，老大徒[①]**伤悲。**（汉·无名氏《长歌行》）

〔译文〕年轻时不努力，衰老时枉自悲伤。

〔注释〕①徒：空。

黑发不知勤学早，白首方悔读书迟。（唐·颜真卿《劝学》）

〔译文〕少年时代不知及早勤学，到了晚年就悔恨读书迟了。

皇天不负苦心人。（清·李宝嘉《文明小史》第三十九回）

〔译文〕上天不会辜负苦心学习的人。

一年之计在于春，一日之计在于寅，一家之计在于和，一生之计在于勤。（《增广贤文》）

〔译文〕一年的事应在春天就谋划，一天的事情应在黎明时安排，一个家庭的大计在于和睦，一生的大计在于勤劳。

13. 切忌浮躁

学者之病，最是先学作文干禄，使心不宁静，不暇深究义理。（宋·朱熹《续近思录》卷三）

〔译文〕学习者的毛病，就是先学怎样通过文章来获得禄位，使得自己心中不得安宁，没有时间去探究义理。

为学作事，忌求近功；求近功，则自画①气沮，渊源②莫极③。（清·黄宗羲《明儒学案》）

〔译文〕做学问或办事情切忌急功近利；急功近利就会自我限制，意气沮丧，达不到根本之处。

〔注释〕①画：划分界线。②渊源：本源。③极：达到。

卷五

信

[题解]

　　"信"即真实、真诚、诚信。孔子讲"民无信不立",孟子讲"朋友有信",《中庸》讲"唯天下至诚为能化"。在当代社会,诚信是确保市场经济正常运行的基本精神。诚信建立在仁义的基础上,《中庸》讲"诚者,择善而固执者",以仁立诚,以义立信。当诚信原则同仁义相冲突时,就要"言不必信,行不必果,惟义所在"。诚信是仁义的必要条件,如果没有诚信,仁义就变成假仁假义。倡导"信"的精神,可以养成中华民族待人真诚、做事认真、诚实守信的民族品格。

一、信的定义

1. 信为"真实"

大丈夫处其厚,不居其薄;处其实,不居其华。(《老子》第三十八章)

〔译文〕有大志向的人处身于淳厚之中,不处身于轻薄之中;处身于实在之中,不处身于虚妄之中。

所谓"信"者,是个真实无妄底道理。(宋·朱熹《晦庵先生朱文公文集》卷七十四《讲礼记序说》)

〔译文〕"信"就是真实,是没有任何欺诈和虚假的道理。

2. 信为"不欺诈、不虚伪"

忠者,忠实;信者,诚信,不诈伪。(宋·陆九渊《象山先生全集》卷三十六《年谱·答苏宰书》)

〔译文〕忠便是忠实;信就是诚信,没有欺诈和作假之心。

二、信的价值

1. 不诚无物

如果只讲仁、义、礼、智,而不讲信,缺乏信,那么,仁、义、礼、智都会变为虚伪的东西。

天地为大矣,不诚则不能化万物。(《荀子·不苟》)

〔译文〕天地无比伟大,如果不真实,就不能变化出万物。

诚者,物之终始,不诚无物。(《中庸》第二十五章)

〔译文〕真实原则,贯穿着事物的始终,离开了真实,万物即不存在。

2. 诚则动人

至诚而不动者,未之有也;不诚,未有能动者也。（《孟子·离娄上》）

〔译文〕到达极高的诚实境界,而不能感动人,这是不可能的;如果不真诚,就想感动他人,也是不可能的。

3. 成己成物

诚者,非自成己而已也,所以成物也。（《中庸》第二十五章）

〔译文〕诚,并不是仅仅成就自己就行了,还要用来促成万物的完善。

4. 立身之本

子曰:"人而无信,不知其可也。"（《论语·为政》）

〔译文〕孔子说:"人如果没有诚信,就不知道他应该怎么办了。"

5. 取信于人

信者虽有怨雠①而必用;奸者虽有私恩而必诛。（宋·司马光《温国文正公文集》卷三十二《札子·王广渊第二》）

〔译文〕对于有诚信的人即使是自己的仇敌,也要用他;而对于奸诈的人即使对于自己有恩,也要惩治他。

〔注释〕①怨雠:仇敌。

6. 培育道德

道者,德之本也;仁者,德之出①也;义者,德之理也;忠者,德之

厚也；信者，德之固也。（汉·贾谊《新书》卷八《道德说》）

〔译文〕道是道德的根本，仁爱使内在道德展现出来，正义是道德的标准，忠使道德变得更加深厚，诚信使道德修养保持不变。

〔注释〕①出：表现。

7. 治国之道

民无信不立。（《论语·颜渊》）

〔译文〕如果丧失了人民的信任，国家就没有立足之地了。

夫信者，人君之大宝也。国保于民，民保于信。非信无以使民，非民无以守国，是故古之王者不欺四海，霸者不欺四邻。善为国者不欺其民，善为家者不欺其亲。不善者反之。欺其邻国，欺其百姓，甚者欺其兄弟，欺其父子，上不信下，下不信上，上下离心，以至于败。（《资治通鉴》卷二）

〔译文〕诚信，是君主治国的一大法宝。国家要依靠人民来保卫，人民则要依靠诚信来保障。没有诚信就无法指挥人民，没有人民就无法守住国家，所以古代的帝王不会欺骗世人，建立霸业的人不会欺骗自己的邻居。会治国的人不会欺骗他的人民，会持家的人不会欺骗他的亲人。而那些不会治国，不会持家的人刚好相反。他们欺骗自己的邻国，欺骗百姓，甚至欺骗自己的兄弟、父亲和孩子，以至于上不信下，下不信上，上下离心，最后导致失败。

三、信与众德

1. 信与忠

尽物之谓信，施于物者必以实欤！则必以实施于物者，亦无不尽矣！其所谓表里内外者，盖惟其存于己者必尽，则其施于物也必实。在己自尽之谓忠，推是忠而行之之谓信。（宋·朱熹《晦庵先生朱文公文集》卷五十一《书（问答）·答董叔重》）

〔译文〕穷尽（自己的力）作用于事物便是"信"，能作用于事物的一定是实实在在的。所以要能实实在在做事，就不能有任何保留和虚假。所谓表里内外如一，就是尽自己之心，实在做事。能自觉地尽心尽力便是"忠"，依照"忠"去做事便是"信"。

2. 信与仁

君子养心莫善于诚，致诚则无它事矣，惟仁之为守，惟义之为行。诚心守仁则形，形则神，神则能化矣；诚心行义则理，理则明，明则能变矣。（《荀子·不苟》）

〔译文〕君子修身养性最好莫过于诚信。达到诚信没有其他办法，只能是恪守着仁爱，实行正义。诚心恪守仁爱，就能显现出行为来，显现出行为来就能达到神妙的境界，达到神妙的境界就能感化万民；诚心推行正义，办事就有条理，有条理就能明智，明智就能变通。

诚者，天之道也；诚之者，人之道也。诚者，不勉而中，不思而得，从容中道，圣人也。诚之者，择善而固执之者也。（《中庸》第二十章）

〔译文〕诚，是天道；做到诚，是人道。天道之诚，不勉强就能适中，不思索就能获得，从从容容就能符合正道，这是圣人的境界。做到诚的人，就是指选择善道而坚持实行它的人。

诚身有道：不明乎善，不诚乎身矣。（《中庸》第二十章）

〔译文〕自己达到诚信有一定的方法：不明确善道，就是自己不诚了。

唯天下至诚，为能尽其性；能尽其性，则能尽人之性；能尽人之性，则能尽物之性；能尽物之性，则可以赞天地之化育；可以赞天地

之化育,则可以与天地参矣。《中庸》第二十二章)

〔译文〕只有天下至诚的圣人,能够充分发挥自己的善良本性;能够充分发挥自己的善良本性,就能充分发挥他人的善良本性;能够充分发挥他人的善良本性,就能够充分发挥万物的本性;能够充分发挥万物的本性,就可以辅助天地化育万物;可以辅助天地化育万物,就能同天地并列为三了。

3. 信与义

在某些特殊情况下,如果自己的诺言不符合正义的原则,就应当放弃;如果自己的行为不符合正义的标准,就应当中止。

大人者,言不必信,行不必果,惟义所在。《孟子·离娄下》)

〔译文〕有道德的君子,说话不一定句句守信,行动不一定事事都有成果,唯一要坚持的就是符合正义。

信者,不负其心;义者,不虚设其事。(汉·刘向《古列女传》卷五《节义传·楚昭越姬》)

〔译文〕诚信的人不会做自己让内心惭愧的事;正义的人做事不会流于表面。

4. 信与智

自诚明,谓之性;自明诚,谓之教。诚则明矣,明则诚矣。《中庸》第二十一章)

〔译文〕由诚心到明白事理,这是天性;由明白事理到诚心,这是教化。有诚心就能明白事理,能明白事理就有诚心。

四、信的行为

1. 诚信待人

与朋友交，言而有信。《论语·学而》

〔译文〕和朋友交往，说话要守信用。

吾日①三省②吾身：为人谋而不忠乎？与朋友交而不信乎？传不习乎？《论语·学而》

〔译文〕我每天总是再三反省自己：给人家办事尽心尽力了吗？与朋友交往不讲信用吗？老师传授的学业是不是复习了？

〔注释〕①日：每天。②省：反省。

孔子曰："益者三友，损者三友。友直，友谅①，友多闻，益矣。友便辟②，友善柔，友便佞③，损矣。"《论语·季氏》

〔译文〕孔子说："有益的朋友有三种，有害的朋友有三种。结交正直的朋友、诚实的朋友、见多识广的朋友，是有益的；结交奉承的朋友、谄媚的朋友、花言巧语的朋友，是有害的。"

〔注释〕①谅：诚实。②便辟：即便嬖，善于逢迎献媚的人。③便佞：用花言巧语逢迎人。

华①虽出戎②伍，而动必由礼，爱重士大夫，不以贵倨③人，至厮④竖必待以诚信，人以为难。《新唐书·曹华传》

〔译文〕曹华虽然是军人出身，但是他的一举一动都很有礼节，敬重士大夫，无论是有才德的人还是地位很低的人，他都会以真诚之心相待，人们认为这是难能可贵的。

〔注释〕①华：指曹华。②戎：军装。③倨（jù）：傲慢而无礼。④厮（sī）：古代干粗活的男性奴隶或仆役，服杂役者。

2. 言必真实

夫轻诺必寡信，多易必多难。《《老子》第六十三章》

〔译文〕轻易许诺，必定很少有信用；多做容易的事，必定会遭遇许多困难。

信言不美，美言不信。《《老子》第八十一章》

〔译文〕真实的语言不华美，华美的语言不真实。

言必信，行必果。《《论语·子路》》

〔译文〕言语一定要真实，行为一定要坚决。

君子进德修业。忠信，所以进德也；修辞立其诚，所以居业也。
《《易·乾卦·文言传》》

〔译文〕君子提高道德，建立功业。忠于职守，取信于民，这是为了增进道德；言论树立真实的原则，这是为了建立功业。

夫两喜必多溢美之言，两怒必多溢恶之词。《《庄子·人间世》》

〔译文〕两个相互喜欢的人之间多有溢美之言，两个互相怨恨的人之间多有恶毒之语。

人之所以为人者，言也。人而不能言，何以为人？言之所以为言者，信也。言而不信，何以为言？信之所以为信者，道也。《《春秋穀梁传》卷五《僖公第五》》

〔译文〕人之所以为人就在于人能说话。如果人不能说话，那凭什么成为人呢？话之所以是话，那是因为有诚信。如果说话没有诚信，那凭什么说话呢？诚信之所以是诚信，是因为有道的存在。

言无常信，行无常贞，唯利所在，无所不倾，若是，则可谓小人矣。《《荀子·不苟》》

〔译文〕说话常常失信，行为常常违背正道，只要有利可图，什么事都去干，这样的人，就可以称之为小人了。

无验而言之为妄。（汉·扬雄《法言·问神》）

〔译文〕没有经过验证而说出来的话，是虚妄的。

实者，不说大话，不好虚名，不行架空之事，不谈过高之理，如此可以少正天下浮伪之习。（《曾国藩全集·日记一》咸丰十年九月二十四日）

〔译文〕诚实，是不说大话，不好虚名，不做空洞无益的事，不谈论过于高深的道理，这样就可以稍微纠正天下轻浮虚伪的习气。

3. 真心实意

吾辈今日用功，只是要为善之心真切。此心真切，见善即迁，有过即改，方是真切工夫。（明·王守仁《传习录》上）

〔译文〕我们今天用功，就是要使为善的心真真切切。此心真真切切，见到善即向往，有过即改正，这才是真真切切的功夫。

4. 行与心应

真在内者，神动于外，是所以贵真也。（《庄子·渔父》）

〔译文〕真诚在内心，就会从外表的神情表现出来，所以要推崇真诚。

意欲温清，意欲奉养者，所谓意也，而未可谓之诚意。必实行其温清奉养之意，务求自慊而无自欺，然后谓之诚意。（明·王守仁《传习录》中）

〔译文〕想要父母冬暖夏凉，想好好奉养父母，这都是意，不可把它叫做诚意。必须是实际去把让父母冬暖夏凉、好好奉养父母的心意实现了，务必达到自我喜悦而不自欺，然后才叫做诚意。

5. 言行一致

君子耻①其言而过其行。（《论语·宪问》）

〔译文〕君子以所说的超过所做的为可耻。

〔注释〕①耻：以……为耻。

听其言而观其行。（《论语·公冶长》）

〔译文〕听他所说的话，还要看他怎么做。

口能言之，身能行之，国宝也。口不能言，身能行之，国器也。口能言之，身不能行，国用也。口言善，身行恶，国妖也。治国者敬其宝，爱其器，任其用，除其妖。（《荀子·大略》）

〔译文〕嘴上能够说的，就能身体力行，这是"国宝"。嘴巴不善言辞，却能身体力行，这是"国器"。嘴巴善于言辞，却不能身体力行，这是"国用"。嘴巴上说好的，行为上却是恶的，这是"国妖"。治国者应当敬重"国宝"，爱护"国器"，任用"国用"，除去"国妖"。

君子言必可行也，然后言之；行必可言也，然后行之。（汉·贾谊《新书·大政上》）

〔译文〕君子所说的话一定是能够做到的，然后才说；君子所做的事一定是可以告诉他人的，然后才做。

言行相符，始终如一。（南朝·梁简文帝《与刘孝仪令》）

〔译文〕言与行相符合，始终一致。

6. 慎独

所谓诚其意者：毋自欺也，如恶恶臭，如好好色，此之谓自谦①，故君子必慎其独也。……此谓诚于中，形于外，故君子必慎其独也。（《大学》传第六章）

〔译文〕所谓心意真诚是指，不要自己欺骗自己，就如厌恶恶臭气味，就如爱好美色，这就叫做心安理得，所以君子必须在一个人独处的时候非常谨慎。……这就叫内心有真实的意念，就表现为外在的行为，所以君子必定在独处的时候非常谨慎。

〔注释〕①谦：通"慊"，心安理得的样子。

道也者，不可须臾离也；可离，非道也。是故君子戒慎乎其所不睹，恐惧乎其所不闻。莫见乎隐，莫显乎微，故君子慎其独也。（《中庸》第一章）

〔译文〕道，是不能片刻离开的；如果是可以离开，就不是道了。所以，君子在别人看不到的地方也会谨慎，在别人听不到的地方也会畏惧。再隐蔽的东西也没有不被发现的，再细微的东西也没有不显露出来的，所以，君子在独处的时候非常谨慎。

卷六

忠

[题解]

　　"忠"具有尽心尽力、忠贞不贰、坚守正道等含义,包括忠诚精神、奉献精神、爱国精神、敬业精神等。忠的对象是国家、民族,是正义事业,而不是有权势的个人。爱国精神是指热爱祖国的人民、土地、文化,并为之奉献的精神,是当代中国需要大力倡导的精神。在历史上,有荀子的"苟利社稷,不求富贵",宋代范仲淹的"先天下之忧而忧,后天下之乐而乐",岳飞的"精忠报国",顾炎武的"天下兴亡,匹夫有责",林则徐的"苟利国家生死以,岂因祸福避趋之"。"忠"的精神在实践中出现的问题是:违背道义的愚忠,对有权势的个人的绝对服从,个人崇拜等等,这些现象必须根据仁、义、智、毅的原则进行纠正。倡导"忠"的精神,可以养成中华民族忠于祖国、敬业奉献的民族品格。

一、忠的内涵

热爱祖国并且奉献终身，执着于正义事业并且尽心尽力地完成，朋友、夫妻之间在正道的基础上互尽忠诚。

忠者，中也，至公无私。天无私，四时行；地无私，万物生；人无私，大亨①贞。忠也者，一其心之谓矣。为国之本，何莫由忠。（《忠经·天地神明章》）

〔译文〕忠，就是坚持中道，极为公正，无所偏私。上天无偏私，四季交替运行；大地无偏私，万物蓬勃生长；人无偏私，就会事业通达，名声显著。忠，就是专心一意。国家的根本，就在于忠。

〔注释〕①亨：通达。

忠，敬也，尽心曰忠。（汉·许慎《说文解字》）

〔译文〕忠就是慎重，尽心尽力就是忠。

鞠躬尽力，死而后已。（三国·蜀·诸葛亮《后出师表》）

〔译文〕勤恳谨慎，尽心尽力，直到死才会停止。

忠，是要尽自家这个心。（《朱子语类》卷六）

〔译文〕忠，就是要自己尽心尽力。

诚心以为人谋谓之忠。（清·刘宝楠《论语正义·学而》）

〔译文〕真心真意为别人谋划，就叫忠。

二、忠于祖国

热爱祖国的土地并加以保护，热爱祖国的人民并为之奉献，热爱祖国的文化并努力弘扬。

临患不忘国，忠也。《左传》昭公元年）

〔译文〕身处困境而不忘记国家，这是忠。

捐躯赴国难，视死忽如归。（三国·魏·曹植《白马篇》）

〔译文〕为了解救国家危难而英勇捐躯，对待死就像是回家一样。

贤者不悲其身之死，而忧其国之衰。（宋·苏洵《管仲论》）

〔译文〕贤者不为自己将死而悲伤，而为国家的衰败而忧虑。

一寸赤心惟报国。（宋·陆游《剑南诗稿·江北庄取米》）

〔译文〕一颗赤诚之心只为了报效祖国。

死去原知万事空，但悲不见九州同。王师北定中原日，家祭无忘告乃翁。（陆游《示儿》）

〔译文〕原本就知道死了万事一场空，只是伤心未能见到祖国统一。等到王朝的军队向北收复中原之日，在家中祭祀时不要忘记告诉你的父亲。

人生自古谁无死，留取丹心照汗青①。（宋·文天祥《过零丁洋》）

〔译文〕人生自古以来有谁不会死呢，要留下一片忠诚之心照耀史册。

〔注释〕①汗青：史册。

风声、雨声、读书声，声声入耳；家事、国事、天下事，事事关心。（明·顾宪成"东林书院联"）

〔译文〕风声、雨声、读书声，每一种声音要用耳倾听；家事、国事、天下事，每一件事情都要用心关注。

天下兴亡，匹夫①**有责**。（清·顾炎武《顾亭林诗文集》）

〔译文〕天下的兴盛或衰亡，普通人都有责任。

〔注释〕①匹夫：普通人。

一片丹心图报国，千秋青史胜封侯。（清·陈璧《客丘瑞之聚星楼楼壁有万允康父母顾瑞木社友诗有感吊之用顾原韵愁字》）

〔译文〕一片丹心只想着要报效国家，在史册上留下千秋英名，远胜于封侯。

苟利国家生死以，岂因祸福避趋之？（清·林则徐《赴戍登程口占示家人》）

〔译文〕如果有利于国家，就要奉献生命，岂能避免灾难而趋向安乐？

三、忠于人民

上思利民，忠也。（《左传》桓公六年）

〔译文〕居于高位，考虑如何做有利于人民，这就是忠。

公家之利，知无不为，忠也。（《左传》僖公九年）

〔译文〕公共的利益，知道了就一定要去做，这是忠。

长太息以掩涕兮，哀民生之多艰。（战国·楚·屈原《离骚》）

〔译文〕长长叹息，掩面而泣，为人民的多灾多难而感到哀伤。

能遗其身，然后能无私。去私，然后能至公；至公，然后以天下为心矣。（隋·王通《中说·魏相》）

〔译文〕能够抛开自身私利，然后就能无私。除去私心，然后就能达到公平；达到公平，然后就会心怀天下了。

先天下之忧而忧，后天下之乐而乐。（宋·范仲淹《岳阳楼记》）

〔译文〕在天下人忧虑之前去为大家忧虑，在天下人享受安乐之后才去享受安乐。

四、忠于正道

上士闻道，勤而行之；中士闻道，若存若亡；下士闻道，大笑之。

不笑不足以为道。《老子》第四十一章）

〔译文〕上等人闻知大道，努力去实行；中等人闻知大道，半信半疑；下等人闻知大道，哈哈大笑。不被下等人嘲笑，那就不是大道了。

季康子问政于孔子。孔子对曰："政者，正也。子帅以正，孰敢不正？"《论语·颜渊》）

〔译文〕季康子向孔子询问政事。孔子回答说："政，就是端正的意思。您带头端正起来，谁敢不端正？"

人能弘道，非道弘人。《论语·卫灵公》）

〔译文〕人能够弘扬大道，而不是大道弘扬人。

当仁，不让于师。《论语·卫灵公》）

〔译文〕坚守仁道，即使是面对老师，也不能谦让。

天下有道，以道殉身；天下无道，以身殉道；未闻以道殉乎人者也。《孟子·尽心上》）

〔译文〕天下有道，大道随着身体的活动而得以施行；天下无道，就为道而献身。没有听说可以牺牲大道来迁就于人的。

君子深造之以道，欲其自得之也。自得之，则居之安；居之安，则资之深；资之深，则取之左右逢其原，故君子欲其自得之也。《孟子·离娄下》）

〔译文〕君子依据大道进行修养，想要自己有所得。自己有所得，就能够安心地坚守它；能够安心地坚守它，修养就会高深；修养高深，就会运用自如，左右逢源。因此，君子要自己有所得。

术正而心顺之，则形相虽恶而心术善，无害为君子也；形相虽善而心术恶，无害为小人也。《荀子·非相》）

〔译文〕手段正当，心态才平和。那么，相貌虽然丑陋，但心术端正，不损害君子的形象；相貌虽然长得好，但心术邪恶，不会改变小人的品性。

君子修道立德,不为穷困而改节。《孔子家语·在厄》

〔译文〕君子修养自身,树立高尚的品德,不会因为穷困而改变节操。

路曼曼①其修②远兮,吾将上下以求索。(战国·楚·屈原《离骚》)

〔译文〕道路漫长啊,我将到处探索。

〔注释〕①曼曼:即漫漫,长远的样子。②修:长。

亦余①心之所善兮,虽九②死其犹未悔。(屈原《离骚》)

〔译文〕如果是我心中所崇尚的,即使是为之而死,也不后悔。

〔注释〕①余:我。②九:表示多次。

君子行正气,小人行邪气。《淮南子·诠言训》

〔译文〕君子践行正义,小人搞歪风邪气。

大德之人不随世俗,所行独从于道。《老子》第二十一章河上公注)

〔译文〕品质高尚的人不顺从世俗偏见,他的行为只顺从大道。

士之特立独行,适于义而已,不顾人之是非。(唐·韩愈《伯夷颂》)

〔译文〕士人有操守、有见识,不随波逐流,符合正义就行了,不管别人怎样评论。

忠邪不可以并立,善恶不可以同道。(唐·柳宗元《为裴令公举裴冕表》)

〔译文〕忠与奸不可能同时存在,善良与丑恶不可能同一条道路。

出淤泥而不染,濯①清涟②而不妖。(宋·周敦颐《爱莲说》)

〔译文〕(莲花)从淤泥中生长出来,但不被污泥所染;它沐浴于清水之中,却朴实无华。

〔注释〕①濯:洗。②清涟:清澈的水流。

君子居必仁,行必义。反仁义而福,君子不有也;由仁义而祸,君子不屑也。(宋·王安石《推命对》)

〔译文〕君子起居必定符合仁,行为必定符合义。违背仁义而得到的福,君子不去享有它;遵守仁义而获得祸,君子不会介意。

世衰道微，人欲横流，不是刚劲有脚跟底人，定立不住。（《朱子语类》卷九十三）

〔译文〕世道衰败，人欲横流，不是坚强而有立场的人，就站立不稳。

人无心合道，道无心合人。（宋·普济《五灯会元》卷十）

〔译文〕人如果不是用自己的心灵去接受大道，大道也就不会接纳人。

大丈夫见善明，则重名节如泰山；用心刚，则轻生死如鸿毛。（宋·林逋《省心录》）

〔译文〕大丈夫明白地知道善，就会把名节看得像泰山一样重；意志坚强，就会把生死看得像鸿毛一样轻。

盖棺始能定士之贤愚，临事始能见人之操守。（林逋《省心录》）

〔译文〕盖棺时才能判定一个人是贤能还是愚笨，遇到事情才能看到一个人的品行如何。

大丈夫行事，论是非不论利害，论逆顺不论成败，论万世不论一生。（宋·谢枋得《与李养吾书》）

〔译文〕大丈夫做事，考虑是非得失，而不考虑利害得失；考虑正当与否，而不考虑成败；考虑千秋万代，而不顾及短暂一生。

各国变法，无不从流血而成，今中国未闻有因变法而流血者，此国之所以不昌也；有之，请自嗣同始。（梁启超《谭嗣同传》）

〔译文〕各国的变法，没有不是因流血牺牲而成功的，当今中国没有听说有因为变法而流血牺牲的人，这就是国家不昌盛的原因；如果有这样的人，那就从我谭嗣同开始。

五、忠于职守

君与臣、上级与下级、官与民，都应履行自己的职责。

定公问："君使臣，臣事君，如之何①？"孔子对曰："君使臣以②礼，臣事君以忠。"《《论语·八佾》》

〔译文〕鲁定公问道："君主差使臣子，臣子为君主做事，该怎么样呢？"孔子说："君主要按一定的礼义来差使臣子，臣子要按忠诚的原则来为君主做事。"

〔注释〕①如之何：即该怎么办？ ②以：介词。

子路问事君。子曰："勿欺也，而犯之。"《《论语·宪问》》

〔译文〕子路问怎样侍奉君主。孔子道："不要欺骗他，而可以冒犯他。"

君子上交不谄，下交不渎①。《《周易·系辞下》》

〔译文〕君子与上面的人结交，不奉承讨好；与下面的人结交，不轻慢、高傲。

〔注释〕①渎：亵渎。

从命而利君谓之顺，从命而不利君谓之谄；逆命而利君谓之忠，逆命而不利君谓之篡。《荀子·臣道》

〔译文〕顺从君主的命令而做有利于君主的事叫做顺，顺从君主的命令而做不利于君主的事叫做谄；违背君主的命令而做有利于君主的事叫做忠，违背君主的命令而做不利于君主的事叫做篡。

不恤君之荣辱，不恤国之臧否，偷合苟容以持禄养交而已耳，谓之国贼。《荀子·臣道》

〔译文〕不考虑给君主带来的是光荣还是耻辱，不考虑给国家带来的是利还是害，苟且偷生，靠拿俸禄养活自己，这就叫国贼。

国家昏乱，所为不道，然而敢犯主之严颜，面言主之过失，不辞其诛，身死国安，不悔所行，如此者，直臣也。（汉·刘向《说苑·臣术》）

〔译文〕国家昏乱，不走正道，然而（在这种情况下）敢于直犯君主的面子，当面陈述君主的过失，不怕诛杀，自己死了，国家得以安宁，不后悔自己的所做所为，这样的人，就是正直的大臣。

违上顺道谓之忠臣，违道顺上谓之谀臣。（汉·荀悦《申鉴·杂言上》）

〔译文〕违背君王，顺从正道，就叫忠臣；违背正道，顺从君王，就是谀臣。

天下之大，非一人之所能治，而分治之以群工。故我之出而仕，为天下，非为君也；为万民，非为一姓也。（清·黄宗羲《明夷待访录·原臣》）

〔译文〕天下之大，并非是由一个人就能治理好的，而是由众多的人员来分别治理。所以，我出来做官，是为天下，并非是为君主；是为亿万人民，而不是为一家一姓。

六、互尽忠诚

朋友、夫妻之间在正道的基础上互尽忠诚之义务。

君子周而不比，小人比而不周。《论语·为政》

〔译文〕君子团结一致却不互相勾结，小人结党营私却不能团结。

子曰："君子成人之美，不成人之恶。小人反是。"《论语·颜渊》

〔译文〕孔子说："君子成全别人做好事，不帮助别人做坏事。小人则恰恰相反。"

不挟①长，不挟贵，不挟兄弟而友。友也者，友其德也，不可以有挟也。《孟子·万章下》

〔译文〕不倚仗自己年龄大，不倚仗自己地位尊，不倚仗彼此有姻亲关系而去结交朋友。结交朋友，是因对方的品德而去结交的，不可以有所倚仗。

〔注释〕①挟：倚仗。

责①善，朋友之道也。《孟子·离娄下》

〔译文〕以善相责，这是朋友相处之道。

〔注释〕①责：要求。

故非我①而当者，吾师也；是我②而当者，吾友也；谄谀我者，吾贼也。《荀子·修身》

〔译文〕指责我而且指责得对的人，是我的老师；赞扬我而且赞扬得当的人，是我的朋友；奉承我的人，是我的敌人。

〔注释〕①非我：指责我。②是我：赞扬我。

君子之接①如水，小人之接如醴②；君子淡以成，小人甘以坏。《礼记·表记》

〔译文〕君子的交往像水一样平淡，小人的交往像酒一样甘甜；君子平淡却能办成事，小人甘甜却会坏事。

〔注释〕①接：接触。②醴：甜酒。

以财交者，财尽而交绝；以色交者，华落①而爱渝②。《战国策·楚策》

〔译文〕以钱财结交的，钱财费尽，则交情就会断绝；以美色结交的，容颜衰老了，爱情就会产生变化。

〔注释〕①华落：即花落，比喻容颜衰落。②渝：改变。

一死一生，乃知交情；一贫一富，乃知交态；一贵一贱，交情乃见。《史记·汲郑列传赞》

〔译文〕一个死了一个活着，才知交情如何；一个贫穷一个富有，才看得出交往的势态；一个高贵一个低贱，才看得出交情有多少。

贫贱之知不可忘，糟糠之妻不下堂。《后汉书》卷二十六《宋弘传》

〔译文〕不可忘记贫贱时结交的朋友，不可抛弃患难与共的妻子。

以势交者，势倾①则绝；以利交者，利穷②则散。（隋·王通《文中子·礼乐》）

〔译文〕以权势结交的，权势丧失了交情就断绝；以私利结交的，好处没有了就会散离。

〔注释〕①倾：倒。②穷：尽。

君子与君子以同道为朋，小人与小人以同利为朋。（宋·欧阳修《朋党论》）

〔译文〕君子和君子由于志同道合而结成朋友，小人和小人为了谋取共同的私利而结成朋友。

卷七

孝

[题解]

　　"孝"是最具中国特色的传统观念。中华孝道有以下八条行为准则：赡养父母长辈；敬爱父母长辈；继承父母之志；祭祀祖先；承袭祖先之德；事亲以礼；不自取其辱，不轻生毁己，以免危及父母；从义不从父，从道不从亲。在实践中出现的问题是：对长辈的无条件服从，对晚辈的权利与人格的不尊重，尊卑观念严重，男尊女卑现象突出，等等。这些问题必须根据仁、义、智、毅的原则进行纠正。倡导"孝"的精神，可以养成中华民族践行孝道的民族品格。

一、赡养父母

世俗所谓不孝者五:惰其四支,不顾父母之养,一不孝也;博弈好饮酒,不顾父母之养,二不孝也;好货财,私妻子,不顾父母之养,三不孝也;从耳目之欲,以为父母戮①,四不孝也;好勇斗很②,以危父母,五不孝也。 《孟子·离娄下》

〔译文〕世人认为不孝的表现有五种:四肢懒惰,不好好赡养父母,这是第一种;喜欢下棋喝酒,不好好赡养父母,这是第二种;贪图钱财,偏爱妻室儿女,不好好赡养父母,这是第三种;放纵耳目的欲望,父母因此受耻辱,这是第四种;逞勇敢好斗殴,使父母遭受危害,这是第五种。

〔注释〕①戮:羞辱,耻辱。②很:同"狠"。

子路曰:"伤哉,贫也! 生无以为养,死无以为礼也。"孔子曰:"啜①菽②饮水,尽其欢,斯之谓孝。敛手足形,还③葬而无椁④,称⑤其财,斯之谓礼。" 《礼记·檀弓下》

〔译文〕子路说:"伤心啊,贫困! 活着的时候不能好好赡养,死的时候不能按礼制来安葬。"孔子说:"吃豆类喝清水,尽情欢乐,这就是孝。以衣棺敛其身体,迅速下葬,不必有棺外的套棺,与家中的财产相称,这就是礼。"

〔注释〕①啜(chuò):吃。②菽(shū):豆类。③还:迅速。④椁(guǒ):棺材外面套的大棺。⑤称:相称。

二、尊敬父母

今之孝者,是谓能养。至于犬马,皆能有养。不敬,何以别乎?

〔译文〕现在人们把能赡养父母就当作是"孝"。然而,人们也能养狗、养马。如果赡养父母没有尊敬之心,那么,这与养狗、养马有什么不同呢?

孝子之事亲也,居则致其敬,养则致其乐,病则致其忧,丧则致其哀,祭则致其严。《孝经·纪孝行章》

〔译文〕孝子对待父母,平时要表现得恭敬,赡养父母要表现得愉快,父母生病时要表现得很担忧,父母去世要表现得很悲哀,祭祀父母要表现得很庄重。

孝子之有深爱者,必有和气;有和气者,必有愉色;有愉色者,必有婉①容。《礼记·祭义》

〔译文〕孝子对父母有深深的爱,必定有温和的气象;有温和的气象,必定有喜悦的脸色;有喜悦的脸色,必定有柔顺的容颜。

〔注释〕①婉:柔顺。

曾子曰:"孝有三:大孝尊亲,其次不辱,其下能养。"《大戴礼记·曾子大孝》

〔译文〕曾子说:"孝道有三种:最高的孝行是发自内心地尊敬父母,其次是不让父母受到羞辱,最下等的就是仅仅赡养父母。"

君子之孝也,忠爱以敬。《大戴礼记·曾子大孝》

〔译文〕君子的孝,有忠、爱、敬的感情。

养可能也,敬为难;敬可能也,安为难;安可能也,久为难;久可能也,卒为难。父母既没,慎行其身,不遗父母恶名,可谓能终也。
《大戴礼记·曾子大孝》

〔译文〕赡养做到了,尊敬就变得难了;尊敬做到了,使父母安乐便成为难事了;使父母安乐做到了,能否使父母长久安乐又更难了;让父母长久安乐做到了,父母去世后要做好就更难了。父母已经去世,自己慎重行事,不给父母留下不好的名声,这就是能够善始善终了。

故父母之于子也，子之于父母也，一体而两分，同气而异息。若草莽之有华实也，若树木之有根心也，虽异处而相通，隐志相及，痛疾相救，忧思相感，生则相欢，死则相哀，此之谓骨肉之亲。《吕氏春秋》卷九）

〔译文〕所以父母对于子女，子女对于父母，由一个整体而分开，同一血脉而气息不同。就像草木有花朵和果实，就像树木有根，虽然在不同的地方而实际上是相通的，隐约之中意气相互连结，患病时互相救治，忧虑时互相感应，活着时一起高兴，死亡时相互哀悼，这就是骨肉之亲。

子云："小人皆能养其亲，君子不敬何以辨！"子云："父子不同位，以厚敬也。"（汉·郑玄《纂图互注礼记》卷十五《孔子闲居第二十九》）

〔译文〕孔子说："小人也能赡养他的亲人，如果没有敬意，那么怎么区别君子与小人呢！"又说："父与子位置不同，只有用深深的敬意来对待父母。"

父母呼	应勿缓	父母命	行勿懒
父母教	须敬听	父母责	须顺承
冬则温	夏则凊	晨则省	昏则定
出必告	反必面	居有常	业无变
事虽小	勿擅为	苟擅为	子道亏
物虽小	勿私藏	苟私藏	亲心伤
亲所好	力为具	亲所恶	谨为去
身有伤	贻亲忧	德有伤	贻亲羞（清·李毓秀《弟子规》）

〔译文〕父母叫唤时，不要慢吞吞地答应；父母交办的事，必须赶快去做，不要偷懒。父母教导时，必须恭敬听取；父母责备时，应当顺从并且承担责任。

冬天要留意父母是否得到温暖，夏天要考虑父母是否感到凉爽；早上应向父母问好,傍晚要向父母问安。外出时要告诉父母,回家以后要面见父母。日常生活起居有规律,所从事的事情不随便改变。

家中事情虽然很小,不要擅自做主;假如任意而为,就有损于为子之道。东西虽然很小,也不要偷偷地私藏起来;如果私藏起来,父母心里会难过。

父母所喜爱的,应尽力提供;父母所厌恶的,应小心排除。自己的身体受到伤害,会给父母带来忧愁;自己的品格有了缺陷,会让父母感到羞辱。

三、继承父志

子曰:"父在,观其志;父没①,观其行;三年无改于父之道,可谓孝矣。"《《论语·学而》》

〔译文〕当他父亲活着的时候,要看他的志向;他父亲去世后,要看他的行为;如果他长期不改变父亲所走的正道,这就可以叫做"孝"了。

〔注释〕①没:去世。

曾子曰:"慎终追远,民德归厚矣。"《《论语·学而》》

〔译文〕曾子说:"谨慎地办理父母的丧事,虔诚地祭祀祖先,民众的道德就归于淳厚了。"

夫孝,德之本也,教之所由生也。《《孝经·开宗明义章》》

〔译文〕孝,是道德的根本,教化由此产生。

继父志,扬祖德,此诚孝子顺孙之道也。(唐·白居易《白氏长庆集》卷二十四《碑铭并序》)

〔译文〕继承父母的志向,发扬祖辈的优良品德,这确实是孝顺子孙都应做到的普遍准则。

四、自尊自爱

身体发肤，受之父母，不敢毁伤，孝之始也。立身行道，扬名于后世，以显父母，孝之终也。（《孝经·开宗明义章》）

〔译文〕自己的肢体、头发和肌肤都是从父母那里得来的，不敢毁坏，这是孝行的开端；为人处世能行正道，使自己扬名后世，从而使父母荣耀，这是孝的高级境界。

曾子曰："父母生之，子弗敢杀；父母置之，子弗敢废；父母全之，子弗敢阙。故舟而不游，道而不径。能全肢体，以守宗庙，可谓孝矣。"（《吕氏春秋》卷十四《孝行》）

〔译文〕曾子说："父母生下自己，儿女不敢自杀；父母养育了自己，儿女不敢自暴自弃；父母保全了自己，儿女不敢损伤。所以走水路时乘船而不游水，走陆路时走大路而不走小路。能使身体完好无损，以便守住祖庙，就可以叫做孝了。"

不辱其身，不羞其亲，可谓孝矣。（《礼记·祭义》）

〔译文〕不辱没身，不让亲人为自己感到羞耻，可以叫做孝了。

君子一举足，不敢忘父母；一出言，不敢忘父母。一举足，不敢忘父母，故道而不径①，舟而不游，不敢以先父母之遗体行殆②也；一出言，不敢忘父母，是故恶言不出于口，忿③言不及于己，然后不辱其身，不忧其亲，则可谓孝矣。（《大戴礼记·曾子大孝》）

〔译文〕君子一举一动都不敢忘记父母，一言一语也不敢忘记父母。举手投足不敢忘记父母，所以走大道而不走小路，乘船而不游泳，不敢用父母所给予的身体去冒险；说话时也不敢忘记父母，所以伤人的恶语便不会说出来，愤怒、怨恨的话也不会落在自己的身上。这之后才可能做到不侮辱自己的身体、不让亲人担忧,如此才可称之为孝。

〔注释〕①径:小路。②殆:危险。③忿:愤怒。

五、遵循正道

子曰:"事父母几①谏②。见志不从,又敬不违,劳而不怨。"《论语·里仁》

〔译文〕孔子说:"侍奉父母时,当他们有不对的地方要委婉地劝说。当父母不能接纳自己的劝说时,也应该仍然保持恭敬的态度,不违背礼仪,即使辛劳也不要怨恨。"

〔注释〕①几:轻微,婉转。②谏:劝说。

入孝出弟,人之小行也;上顺下笃,人之中行也;从道不从君,从义不从父,人之大行也。《荀子·子道》

〔译文〕孝顺父母,敬爱兄长是小德行;顺从于长辈,爱护晚辈和幼小是中等德行;遵从道义而无法顺从君王,遵从道义而无法顺从父母,是最大的德行。

夫孝,天之经也,地之义也,民之行也。《孝经·三才章》

〔译文〕孝道是天经地义的,是人最重要的品行。

天地之性人为贵,人之行莫大于孝。《孝经·圣治章》

〔译文〕天地之间,人是最宝贵的。人的德行,最大的就是孝。

父母有过,下气、怡色①、柔声以谏。谏若不入,起敬,起孝,悦则复谏。(汉·郑玄《纂图互注礼记》卷八《郊特牲第十一》)

〔译文〕父母有过错,晚辈就应该用谦恭的口气、和悦的脸色、轻柔的声音来进行劝说。如果父母不听劝说,就尊重他们,孝敬他们,等到他们高兴了再劝说。

〔注释〕①怡色：和颜悦色。

父有争子，则身不陷于不义。故当不义，则子不可以不争于父。
《后汉书·仲长统传》

〔译文〕父亲有争辩的儿子，自身就不会陷入不义之中。当父亲有不义行为时，做儿子的不能不向父亲争辩。

六、祭祀祖先

祭者，所以追养继孝也。《礼记·祭统》

〔译文〕祭祀，是用以追念养育之恩，发扬孝道的。

祭礼，与其敬不足而礼有余，不若礼不足而敬有余也。《礼记·檀弓》

〔译文〕祭祀之礼，与其恭敬不够而礼节多，不如礼节少而恭敬多。

七、事亲以礼

子曰："生，事之以礼；死，葬之以礼，祭之以礼。"《论语·为政》

〔译文〕孔子说："父母活着，按照礼的规定来侍奉；父母死了，按照礼的规定来安葬，按照礼的规定来祭祀。"

尽力而有礼，庄敬而安之。《大戴礼记·曾子立孝》

〔译文〕尽力伺奉而且按一定的礼节，庄严恭敬而使之安乐。

八、真诚孝亲

子曰："父母之年①，不可不知也。一则以喜，一则以惧。"《论语·

〔译文〕孔子说:"父母的年纪不可不知道。一方面(因其高寿)感到喜悦,一方面(因其高寿)感到担心。"

〔注释〕①年:年龄。

子曰:"予之不仁也！子生三年,然后免于父母之怀。夫三年之丧,天下之通丧也。予也有三年之爱于其父母乎?"《论语·阳货》

〔译文〕孔子说:"宰我是个不仁之人啊！子女出生后三年,才能脱离父母的怀抱。为父母守丧三年,是天下通行的规则。难道宰我就没有从他父母那里得着三年怀抱的爱护吗?"

子夏问孝。子曰:"色难。有事弟子服其劳,有酒食先生①**馔**②**,曾**③**是以孝乎?"**《论语·为政》

〔译文〕子夏询问孝道。孔子说:"难就难在和颜悦色。有了事情,让子女去效劳;有了酒食,让长辈来享用,这就认为是孝道吗?"

〔注释〕①先生:此指长辈。②馔(zhuàn):吃喝,享用。③曾:乃。

人之孝行,根于诚笃,虽繁文末节不至,亦可动天地,感鬼神。
(宋·袁采《袁氏世范》卷一)

〔译文〕人的孝行,最基本的是真诚深厚,即使是繁杂的礼节没有做到,也可以惊天地,泣鬼神。

九、为亲解忧

子曰:"父母在,不远游,游必有方。"《论语·里仁》

〔译文〕孔子说:"父母在世,自己不出远门,出游必须有明确的方向。"

孟武伯问孝。子曰:"父母唯其①**疾之忧。"**《论语·为政》

〔译文〕孟武伯询问孝道。孔子说:"惟恐让父母担忧子女的疾病。"

〔注释〕①其：人称代词，指子女。

十、忠孝一体

君子务本，本立而道生。孝弟也者，其为仁之本与！《论语·学而》

〔译文〕君子致力于培植根本，根本培植起来了，为人之道才会产生。孝敬父母，敬爱兄长，这就是仁道的根本吧！

老吾老，以及人之老；幼吾幼，以及人之幼。《孟子·梁惠王上》

〔译文〕孝敬我的老人，推及到孝敬他人的老人；慈爱我的晚辈，推及到慈爱他人的晚辈。

子曰："爱亲者，不敢恶人；敬亲者，不敢慢于人。爱敬尽于事亲，而德教加于百姓，刑于四海，盖天子之孝也。"《孝经·天子章》

〔译文〕孔子说："爱自己亲人的人，就不会厌恶别人；尊敬自己亲人的人，也不会怠慢别人。以亲爱恭敬之心尽力地侍奉双亲，而将德行教化施之于百姓，使天下百姓遵从效法，这就是天子的孝道呀！"

卷八

廉

卷八

[题解]

　　"廉"包括两个方面:一是指个人生活中的朴素精神与节俭精神,二是指公众生活中的廉洁精神。古人讲:"克勤于邦,克俭于家。"物质欲望的膨胀是当代社会的顽症,贪污腐败是政治生活的大敌,因此,必须大力倡导"廉"的精神。欲望不必完全断除,但需要合理节制。纵欲主义、享乐主义、高消费行为均不符合中国国情。倡导"廉"的精神,可以养成中华民族节俭、朴素、廉洁奉公的民族品格。

一、贪欲之害

超出自然所能承受限度的欲望，以不正当的手段去获得满足的欲望，超出自己的合法收入所能承受限度的欲望，满足自己而有损于他人和社会的欲望，均可视为贪欲。

1. 贪欲害人

国侈则用费，用费则民贫，民贫则奸智生，奸智生则邪巧作。（《管子·八观》）

〔译文〕国家奢侈，费用就多；费用多，百姓就贫困；百姓贫困，就会产生奸诈；产生奸诈，就会产生邪恶。

有欲甚，则邪心胜。（《韩非子·解老》）

〔译文〕人欲望太多，邪恶之心就很难抑制。

有尽之物，不能给无已之耗；江河之流，不能盈无底之器也。（晋·葛洪《抱朴子·内篇·极言》）

〔译文〕有限的东西，不能供给无休止的消耗；江河的水流，不能装满无底的容器。

贪欲者，众恶之本；寡欲者，众善之基。（明·王廷相《慎言·见闻》）

〔译文〕贪欲，是一切罪恶的根源；寡欲，是一切善事的基础。

古来贪酷二字连缀而言，贪则鲜有不酷，酷则鲜有不贪者，盖酷正所以济其贪也。（清·姚元之《竹叶亭杂记》卷二）

〔译文〕自古以来贪婪和残酷是连在一起说的，贪婪的人少有不残酷的，残酷的人少有不贪婪的，原因在于残酷可以成就贪婪。

2. 贪欲害己

甚爱①必大费,多藏必厚亡。（《老子》第四十四章）

〔译文〕过分吝啬必定招致大的破费,丰厚的贮藏必定招致严重的损失。

〔注释〕①爱:吝啬。

祸难生于邪心,邪心诱于可欲。（《韩非子·解老》）

〔译文〕祸害灾难由邪恶之心产生,邪恶之心是由可以满足人的欲望的东西诱导出来的。

自私者不能成其私,有欲者不能济其欲。（汉·王粲《安身论》）

〔译文〕自私的人不能使他的私心得逞,贪欲的人不能满足他的贪欲。

夫嗜欲虽出于人,而非道之正,犹木之有蝎,虽木之所生,而非木之宜也。故蝎盛则木朽,欲胜则身枯。（三国·魏·嵇康《嵇康集·答难养生论》）

〔译文〕欲望和嗜好虽然出自于人,但并不属于正道,就像树木中有蝎子,虽然是由树木产生的,但并非是树木所需要的。所以蝎子太多,树木就要朽烂;欲望太多,身体就会枯竭。

贪欲生忧,贪欲生畏。（《法句经》卷二十四）

〔译文〕贪欲产生忧愁,贪欲产生恐惧。

乐不可极,极乐成哀;欲不可纵,纵欲成灾。（唐·吴兢《贞观政要·刑法》）

〔译文〕快乐不可过度,过度快乐就会产生悲哀;欲望不可放纵,放纵欲望就会有灾难。

贪荣嗜利如飞蛾之赴烛。（宋·罗大经《鹤林玉露·诸葛武侯》）

〔译文〕贪求名誉爱好私利,就像飞蛾扑上烛火一样。

迷于利欲者,如醉酒之人,人不堪其丑,而己不觉也。（明·薛瑄《读

书录》）

〔译文〕着迷于利益欲望的人，就像醉酒之人，人们不堪忍受他的丑态，但他自己却不觉察。

人之心胸，多欲则窄，寡欲则宽。人之心境，多欲则忙，寡欲则闲。人之心术，多欲则险，寡欲则平。人之心事，多欲则忧，寡欲则乐。人之心气，多欲则馁，寡欲则刚。（清·金缨《格言联璧·存养》）

〔译文〕人的心胸，欲望多了就会狭隘，欲望少了就会宽阔。人的心境，欲望多了就会忙碌，欲望少了就会清闲。人的心术，欲望多了就会阴险，欲望少了就会平和。人的心事，欲望多了就会忧愁，欲望少了就会快乐。人的心气，欲望多了就会疲软，欲望少了就会刚强。

口腹不节，致疾之因；念虑不正，杀身之本。（清·魏裔介《琼琚佩语·摄生》录林和靖语）

〔译文〕饮食无节制，是致病的原因；心术不正，是杀身的祸根。

3. 贪欲丧德

玩人丧德，玩物丧志。（《尚书·旅獒》）

〔译文〕戏弄人就会丧失良好的德行，玩赏物品就会丧失志向。

五色令人目盲；五音令人耳聋；五味令人口爽①；驰骋畋②猎，令人心发狂；难得之货，令人行妨③。（《老子》第十二章）

〔译文〕缤纷的色彩，使人眼花缭乱；繁杂的音乐，使人耳聋；美味佳肴，使人的口味受到损伤；驰骋打猎，使人的心发狂；难得稀有的货物，使人的行为失常。

〔注释〕①爽：伤。②畋（tián）：打猎。③妨：妨害。

其耆①欲深者，其天机浅。（《庄子·大宗师》）

〔译文〕嗜好欲望很多的人，天生的灵性就很浅。

〔注释〕①者:同"嗜"。

君子行德以全其身,小人行贪以亡其身。(汉·刘向《说苑·谈丛》)

〔译文〕君子以道德行为来保全自身,小人以贪婪行为来使自己灭亡。

凡人之性,莫不欲善其德,然而不能为善德者,利败之也。(刘向《说苑·贵德》)

〔译文〕大凡人的本性,无不想完善自己的品德的,然而不能完善自己的品德的,原因就在于私利败坏了它。

克①俭节用,实弘道之源;崇侈恣情,乃败德之本。(唐·吴兢《贞观政要·规谏太子》)

〔译文〕力行俭朴,节省费用,是弘扬大道的基础;崇尚奢侈,放纵情欲,就是败坏德行的根本。

〔注释〕①克:能。

二、节制欲望

1. 以德制欲

孔子曰:"君子有三戒:少之时,血气未定,戒之在色;及其壮也,血气方刚,戒之在斗;及其老也,血气既衰,戒之在得。"(《论语·季氏》)

〔译文〕孔子说:"君子要有三种警戒:年轻时,血气尚未稳定,要警戒女色;到了壮年,血气方刚,要警戒好斗;到了老年,血气衰微,要警戒贪得无厌。"

国乱,则择其邪人而去之,则国治矣;胸中乱,则择其邪欲而去之,则德正矣。(《尸子·处道》)

〔译文〕国家混乱,就找出邪恶的人去掉他,国家就治理了;心中混乱,就挑出邪恶的欲念去掉它,德行就纯正了。

德比于上，欲比于下。德比于上，故知耻；欲比于下，故知足。（汉·荀悦《申鉴·杂言下》）

〔译文〕在道德方面应和比自己高的人相比，在欲望方面要和处境不如自己的人相比。道德方面和比自己高的人相比，就会知道廉耻；欲望方面和处境不如自己的人相比，就会知道满足。

有欲则不刚，刚者不屈于欲。（宋·杨时《二程粹言·论学》）

〔译文〕有私欲的人不刚毅，刚毅的人不屈从于私欲。

有所自乐则不为外物所移。（清·李惺《冰言》）

〔译文〕心中自得其乐，就不会被外物所牵引。

养心莫善于寡欲，寡欲莫善于明理。理明则能见义而有以胜其欲矣，理明则能安命而有以淡其欲矣，理明则能畏天而有以制其欲矣。（清·裕谦《勉益斋续存稿》卷四）

〔译文〕修养心性最好就是清心寡欲，清心寡欲最好就是明白事理。事理明白了，就能坚持正义，以此来战胜自己的欲望；事理明白了，就能安身立命，以此来减少自己的欲望；事理明白了，就能敬畏上天，以此来制服自己的欲望。

2. 知足常乐

鹪鹩巢于深林，不过一枝；偃鼠饮河，不过满腹。（《庄子·逍遥游》）

〔译文〕巧妇鸟在深林中做巢，不过占用一根树枝罢了；鼹鼠在河中饮水，不过喝满肚子罢了。

自信者不可以诽誉迁也，知足者不可以势利诱也。（汉·刘安《淮南子·诠言训》）

〔译文〕有自信心的人不能因诽谤和赞誉而改变，知道满足的人不能因权势和利益而被诱惑。

心足则物常有余，心贪则物常不足。（前蜀·杜光庭《道德真经广圣义》卷三十五）

〔译文〕心里知足，常感财物有余；心里贪婪，常感财物不足。

蔬食弊衣，足延性命，岂待酒食罗绮，然后为生哉！（唐·司马承祯《坐忘论·简事》）

〔译文〕简单的衣食就足以养命，难道必定要酒食罗绮才能生存下去！

常将有日思无日，莫待无时想有时。（明·张居正《张太岳文集》）

〔译文〕常常在有财物的日子里，想着没有的时候怎么办；不要等到没有财物的时候，才想着有财物的时候如何风光。

良田万顷，日食三升；大厦千间，夜眠八尺。（《增广贤文》）

〔译文〕有万顷良田，每天也只不过吃几升；有千间大厦，每天夜里只在八尺宽的地方睡觉。

3. 以勤制欲

克勤于邦，克俭于家，不自满假。（《尚书·大禹谟》）

〔译文〕能为国而辛劳，能为家而节俭，不自满，不虚伪。

一日不作，一日不食。（宋·普济《五灯会元》卷三"怀海禅师"）

〔译文〕哪一天不劳动，哪一天就不吃饭。

人生减省一分，便超脱了一分。如交游减，便免纷扰；言语减，便寡愆尤；思虑减，则精神不耗；聪明减，则混沌可完。彼不求日减而求日增者，真桎梏此生哉！（明·洪应明《菜根谭》）

〔译文〕人生能减少一分，便超脱一分。例如，少交闲杂朋友，便免除了纷乱干扰；少说话，便减少了过失；少胡思乱想，便少消耗精神；少表现聪明，便保持了淳朴。那些不懂得日益减少，反求日益增多的人，真是把自己的一生用镣铐束缚住了。

4. 顺应自然

是以圣人欲不欲，不贵难得之货；学不学，复①众人之所过，以辅万物之自然而不敢为。（《老子》第六十四章）

〔译文〕所以，圣人把没有欲望作为自己的追求，不稀罕难得的货物；学习众人所学不到的东西，弥补众人的过错，辅助万物的自然发展而不敢妄为。

〔注释〕①复：弥补。

求而无度量分界，则不能不争，争则乱，乱则穷。（《荀子·礼论》）

〔译文〕欲求没有尺度，没有界线，就不能不产生争夺，产生争夺就会导致混乱，混乱就会导致贫穷。

取之有度，用之有节，则常足；取之无度，用之无节，则常不足。（唐·陆贽《均节赋税恤百姓第二条》）

〔译文〕索取有限度，使用有节制，就能常感富足；索取没有限度，使用没有节制，就会常感不足。

5. 欲望适度

吾十有①五而志于学，三十而立，四十而不惑，五十而知天命，六十而耳顺，七十而从心所欲，不逾矩。（《论语·为政》）

〔译文〕我十五岁时有志于学业，三十岁时就能立身处世，四十岁时就不被迷惑，五十岁时就知道天命，六十岁时就能心领神会，七十岁时就能够随心所欲，不会破坏规矩。

〔注释〕①有：又。

欲者，人之情，曷为不可言？言而不以礼，是贪与淫，罪矣。不贪不淫而曰不可言，无乃①贼人之生，反人之情，世俗之不喜儒以此。（宋·李觏《李觏集》卷二十九《原文》）

〔译文〕欲望是人之常情,为何不可以谈? 不按礼仪去谈论,就会造成贫困和淫乱,罪孽啊! 如果欲望不导致贫困,也不导致淫乱,却说不可以谈论,岂不是残害人的生命,违背人之常情。世俗中的人不喜欢俗儒,原因就在于此。

〔注释〕①无乃:岂不是。

三、克制情绪

怒不变容,喜不失节,故是最为难。(《三国志·魏志·后妃传》)

〔译文〕愤怒时能不变样,高兴时能不失分寸,这是最难做的事。

居家有二语,曰:惟恕则平情,惟俭则足用。(明·洪应明《菜根谭》)

〔译文〕家庭生活有两句话,即只有宽恕才能心情平和,只有勤俭才能用物充足。

嗜欲正浓时,能斩断;怒气正盛时,能按纳,此皆学问得力处。(清·申涵光《荆园小语》)

〔译文〕嗜好欲望正是浓烈的时候,能够斩断;怒气正是旺盛的时候,能够平息,这都是学问用力之处。

忍得一时之气,免得百日之忧。(《增广贤文》)

〔译文〕忍住一时怒气,免除百日的忧患。

忍一句,息一怒;饶一着,退一步。(《增广贤文》)

〔译文〕你忍住一句话,就能平息一场愤怒;饶人一次,就退让了一步。

四、崇俭戒奢

1. 俭与吝

俭,美德也,过则为悭吝,为鄙啬,反伤雅道;让,懿行也,过则为

足恭，为曲谨，多出机心。（明·洪应明《菜根谭》）

〔译文〕俭朴是美德，但是过分了就成吝啬，成为猥琐的吝啬，反而有损正道；谦让是良好行为，但是过分了就是恭敬过度，成为扭曲的谨慎，多出于智巧诈变的心机。

啬于己，不啬于人，谓之俭；啬于人，不啬于己，谓之吝。（清·钱大昕《十驾斋养新录》卷十八《俭》）

〔译文〕对自己吝啬，对别人慷慨，叫做俭朴；对别人吝啬，对自己慷慨，就是真正的吝啬。

2. 俭与奢

奢则不孙[①]，俭则固[②]。与其不孙也，宁固。（《论语·述而》）

〔译文〕奢侈就会不谦让，节俭就显得寒伧。与其不谦让，宁可寒伧点。

〔注释〕①孙：通"逊"。②固：简陋，寒伧。

夫俭则寡欲，君子寡欲则不役于物，可以直道而行；小人寡欲则能谨身节用，远罪丰家。故曰："俭，德之共也。"侈则多欲，君子多欲则贪慕富贵，枉道速祸；小人多欲则多求妄用，败家丧身；是以居官必贿，居乡必盗。故曰："侈，恶之大也。"（宋·司马光《训俭示康》）

〔译文〕节俭，欲望就减少，君子欲望少，就不会被外物所役使，就能遵守正道行事；小人欲望少，就能谨慎处世，节省费用，远离罪恶，家室富裕。所以说："节俭，是一切有德行的人所共有的。"奢侈，欲望就多，君子欲望多了就贪求富贵，背离正道而招致祸患；小人欲望多了就多方营求，恣意浪费，导致家破人亡。所以奢侈的人当官必定受贿，做百姓就必定偷盗。所以说："奢侈是极大的罪恶。"

俭则约，约则有善兴；侈则肆，肆则百恶俱纵。（清·金缨《格言联

璧・持躬类》)

〔译文〕节俭就能约束自己，约束自己就有善行出现；奢侈就会放肆，放肆就会产生种种恶行。

3. 俭之利

慈故能勇，俭故能广。(《老子》第六十七章)

〔译文〕仁慈，就能勇敢；俭朴，就能宽广。

恭者不侮人，俭者不夺人。(《孟子・离娄上》)

〔译文〕谦恭的人不会侮辱别人，节俭的人不会掠夺别人。

夫君子之行，静以养身，俭以养德，非淡泊无以明志，非宁静无以致远。(三国・蜀・诸葛亮《诫子书》)

〔译文〕君子的品德，以虚静的方式养生，以节俭的方式培养品德，只有在淡泊之中才能够明确志向，只有在宁静之中才能达到高远的境界。

俭有四益：凡贪淫之过未有不生于奢侈者，俭则不贪不淫，是俭可养德也；人之受用自有剂量，省啬淡泊有长久之理，是俭可养寿也；醉浓饱鲜，昏人神志，若蔬食菜羹，则肠胃清虚，无滓无秽，是俭可养神也；奢者妄取苟求，志气卑辱，一从俭约，则于人无求，于己无愧，是俭又可养气也。(清・石成金《传家宝》二集卷四《留心集》)

〔译文〕俭朴有四种益处：凡是贪婪淫乱的过错没有不是从奢侈中产生的，俭朴就不贪婪不淫乱，所以俭朴可以培养品德；人享用自然有一定的限度，节约、淡泊是使自己长寿的原则，所以俭朴可以养寿命；醉于浓酒，饱于美味，能使人的神志昏沉，如果是蔬菜和粗茶淡饭，就能使肠胃干净，没有渣滓污秽，这是俭朴可以养神；奢侈者妄为求取，意气卑贱，一旦俭朴起来，就会对他人无所求，对自己问心无愧，这是俭朴又可以养气。

俭则无贪淫之累，故能成其廉。(石成金《传家宝》三集卷二《群珠》)

〔译文〕俭朴就没有贪婪淫乱的牵累，所以能保全自己的廉洁。

勤能补拙，俭以养廉。（清·金缨《格言联璧·从政》）

〔译文〕辛勤能够弥补笨拙的不足，俭朴可以滋养廉洁的品质。

俭于听，可以养虚；俭于视，可以养神；俭于言，可以养气。（清·魏裔介《琼琚佩语·勤俭》录谭子语）

〔译文〕听得少可以养心，看得少可以养神，少说话可以养气。

4. 奢之害

孔子曰："益者三乐，损者三乐。乐节礼乐，乐道人之善，乐多贤友，益矣。乐骄乐，乐佚游，乐宴乐，损矣。"（《论语·季氏》）

〔译文〕孔子说："有益的快乐有三种，有害的快乐也有三种。以得到礼乐的调节为快乐，以称道他人的长处为快乐，以多结交贤明的朋友为快乐，是有益的；以骄奢淫乐为快乐，以游玩无度为快乐，以吃吃喝喝为快乐，则是有害的。"

大凡贪淫之过，未有不生于奢侈者，俭则不贪不淫，是可以养德也。（宋·罗大经《鹤林玉露·俭约》）

〔译文〕大凡贪婪淫荡的过失，没有不是从奢侈中产生出来的，俭朴就会不贪婪不淫荡，是可以用来培养德性的。

奢则妄取苟求，志气卑辱；一从俭约，则于人无求，于己无愧，是可以养气也。（罗大经《鹤林玉露·俭约》）

〔译文〕一旦奢侈就会非分地取名求利，志向气节低下卑贱；一旦俭朴节约，对别人就会无所求，对自己就会无愧怍，这可用来培养气节。

五、持敬

1. 收敛身心

朱子曰："日用之间，随时随处，提撕此心，勿令放逸。而于其中，随事观理，讲求思索，沉潜反复，庶于圣贤之教，渐有默相契处，则自然见得天道性命，真不外乎此身。"（宋·朱熹《续近思录》卷三）

〔译文〕朱子说："平常生活中，随时随地，操持自己的心念，不要让心念放纵、流失。而且在这当中，随应事物，观察其中道理，探索、思考，反复多次，对于圣贤的教导，渐渐地就有默契之处，这自然就能看到天道、性命，真的不存在于自身之外。"

朱子曰："……诚者何？不自欺不妄之谓也；敬者何？不怠慢不放荡之谓也。"（朱熹《续近思录》卷四）

〔译文〕朱子说："……什么是诚？不自欺，不妄为，这就是诚；什么是敬？不怠慢，不放荡，这就是敬。"

2. 恭敬庄重

致礼以治躬则庄敬，庄敬则严威。心中斯须不和不乐，而鄙诈之心入之矣。外貌斯须不庄不敬，而慢易之心入之矣。（《礼记·祭义》）

〔译文〕用礼来调节自身，就庄严恭敬，庄严恭敬就能产生威严。心中有片刻不处于中和悦乐之中，卑鄙狡诈之心就会进入。外貌上有片刻不庄严恭敬，怠慢之心就会进入。

3. 虚静空明

正其心，平其气，如以镜照物而镜不动，常炯炯地，是谓以我观

书,方能心与书合一。（明·湛若水《湛甘泉先生文集》卷六《大科训规》）

〔译文〕端正自己的心,使自己心气平和,正如用镜子来照见万物,而镜子本身却不被改变。心中常常是一片光明,当我看书时,才能达到我与书合一的境界。

4. 意识清醒

惺惺,乃心不昏昧之谓,只此便是敬。（《朱子语类》卷十七）

〔译文〕心中清醒,这是心灵不昏昧,这便是敬。

人心常炯炯在此,则四体不待羁束,而自入规矩。只为人心有散缓时,故立许多规矩来维持之。但常常提警,教身入规矩内,则此心不放逸,而炯然在矣。心既常惺惺,又以规矩绳检之,此内外交相养之道也。（《朱子语类》卷十二）

〔译文〕人心常常清醒光明,那么,肢体不需要外在束缚,也能自然进入规范之中。只是因为人心有散乱怠慢之时,所以建立许多规范来维护人心。如果常常提醒自己,让自己的行为进入规范之中,那么,自己的心念就不会放纵、飘荡,而是保持着光明清醒。心地常常光明清醒,又用规范来校正,这就是内心与外部行为互相滋养之道。

耳目见闻为外贼,情欲意识为内贼。只是主人翁惺惺不昧,独坐中堂,贼便化为家人矣。（明·洪应明《菜根谭》）

〔译文〕耳目见闻是外部的贼,情欲意识是内部的贼。当主人翁清醒不昏昧,独坐在中堂,内外之贼都会转化为自己家中的人。

5. 操存义理

君子敬以直内,义以方外,敬义立而德不孤。（《周易·坤卦·文言》）

〔译文〕君子用持敬来使内心正直,处事合宜以使外部行为正当,确立了持敬和正义，道德就不会孤独。

敬只是持己之道，义便知有是有非。顺理而行，是为义也。若只守一个敬，不知集义，却是都无事也。（宋·程颢、程颐《二程遗书》卷十八）

〔译文〕敬，只是持守自身的方法，义，就是知道有是有非。遵行道理去做，这就是义。如果只是守着一个"敬"字，不懂得遵循正义，就做不成什么事。

朱子曰："心不是死物。操存者，只于应事接物之时，事事中理，便是存处。应事不是，便是心不在。若只兀然守在这里，蓦有事来操底便散了，却是舍则亡也。"（宋·朱熹《续近思录》卷四）

〔译文〕朱子说："心不是死的东西。操存，就是在处理事情之时，事事都能依理处置，这便是操存之处。处理事情不当，便是心不在此。如果只是兀然静守，突然有事情发生，自己所操持的就丧失了，这就是舍则亡了。"

6. 敬畏生命

孔子曰："君子有三畏：畏天命，畏大人，畏圣人之言。小人不知天命而不畏也，狎①大人，侮圣人之言。"（《论语·季氏》）

〔译文〕孔子说："君子有三种敬畏：敬畏天命，敬畏有道德的人，敬畏圣人的话。小人不知天命，故不知敬畏，轻慢有道德的人，亵渎圣人的话。"

〔注释〕①狎（xiá）：亲近而态度不庄重。

六、专注善念

主一，则是将心念收敛，将心念集中，专注于一点，由多头意识转为独头意识,使各种纷乱的意识渐渐止息。然后,将此心念专注于自己的善念上,把守住善念,勿使走失,勿使泯灭。

摄心一处,便是功德丛林,散虑片时,即名烦恼罗刹。(宋·延寿《宗镜录》卷三十八)

〔译文〕收摄心念于一处,便产生种种功德;心念散乱片刻,就会堕入烦恼火坑、罗刹魔境。

好色则一心在好色上,好货则一心在好货上,可以为主一乎?是所谓逐物,非主一也。主一是专主一个天理。(明·王守仁《传习录》上)

〔译文〕好色,就一心扑在好色上;好财物,就一心扑在好财物上,这可以叫做主一吗?这是追逐万物,并不是主一。主一,是专注于天理。

七、克除恶念

对恶念,以何克之?以自己的良知克之。若没有培养出自己的道德良知,则所谓的“克”,乃是以自己的此一念攻击自己的彼一念,以自己的此一欲克制自己的彼一欲,即是在欲念的泥潭中越陷越深。

胜人者有力,自胜者强。(《老子》第三十三章)

〔译文〕战胜别人的是有力量,战胜自己的才是刚强。

知人欲之所以害仁者在是,于是乎有以拔其本,塞其源,克之克之而又克之,以至于一旦豁然欲尽而理纯,则其胸中之所存者,岂不粹然天地生物之心,而蔼然其若春阳之温哉。(宋·朱熹《朱子文集》卷七十七《克斋记》)

〔译文〕知道人的恶欲之所以损害仁德，于是就要拔除恶欲的根子，阻塞恶的源头，克制它，克制它而又再克制它，以致于有朝一日豁然开朗，恶欲除尽，心中全是天理，那么，他心中所存留的，无不是纯粹的天地生育万物之心，其和气就像春天的太阳一样温暖。

善念发而知之，而充之。恶念发而知之，而遏之。（明·王守仁《传习录》上）

〔译文〕善念萌生，知道并加以扩充。恶念萌生，知道并加以节制。

无事时，将好色、好货、好名等私欲逐一追究搜寻出来，定要拔去病根，永不复起，方始为快。常如猫之捕鼠，一眼看着，一耳听着。才有一念萌动，即与克去。斩钉截铁，不可姑容，与他方便。不可窝藏，不可放他出路，方是真实用功。（王守仁《传习录》上）

〔译文〕无事之时，将好色、好财、好名等各种私欲，一一追查、搜寻出来，一定要拔出心灵上的病根，使之永远不再发作，才感到痛快。就像猫捕捉老鼠一样，一边是眼睛看着，一边是耳朵听着。刚刚有一个邪念萌生出来，就立即克除它。斩钉截铁，不能姑息纵容，给邪念提供方便。不可窝藏邪念，也不可将邪念放出来害人，这才是真正的功夫。

克己须要扫除廓清，一毫不存，方是。有一毫在，则众恶相引而来。（王守仁《传习录》上）

〔译文〕克除自己的杂念，务必彻底干净，一点杂念都没有，才可以。有一点杂念存在，众多的邪恶就会接踵而至。

破山中贼易，破心中贼难。区区剪除鼠窃，何足为异？若诸贤扫荡心腹之寇，以收廓清平定之功，此诚大丈夫不世之伟绩。（明·王守仁《王文成公全书》卷四《与杨仕德薛尚谦》）

〔译文〕破除山中贼寇是容易的，破除心中贼寇则是困难的。剪除区区鼠辈，不足为怪。若像众圣贤那样扫荡除掉心中的贼寇，产生心灵廓清安宁的功效,这真是大丈夫超凡的伟大业绩。

自己要对自己的内心活动保持清醒的意识,随时觉察自己恶念之萌芽,克己功夫即可由此入手。

防于未萌之先,而克于方萌之际。(明·王守仁《传习录》中)

〔译文〕在恶念尚未萌动之前防备,在恶念正在萌生之时克除。

才觉私意起,便克去,此是大勇。(明·胡居仁《居业录·学问》)

〔译文〕才感觉到私欲产生,便克除,这是大勇。

八、谦逊

满招损,谦受益,时①乃天道。(《尚书·大禹谟》)

〔译文〕骄傲自满会招致损害,谦虚会获得益处,这就是天道。

〔注释〕①时:这。

上善若水。水善利万物而不争,处众人之所恶,故几①于道。
(《老子》第八章)

〔译文〕最善的人像水一样。水善于滋润万物而不与万物相争,居于众人不喜欢的地方,所以接近于大道。

〔注释〕①几:接近。

不自见,故明。不自是,故彰。不自伐,故有功。不自矜,故长。
(《老子》第二十二章)

〔译文〕不固执己见,所以才看得分明。不自认为正确,所以才是非分明。不自我夸耀,所以才有功劳。不自高自大,所以才能长久。

以其终不自为大,故能成其大。(《老子》第三十四章)

〔译文〕因为他始终不自以为伟大，所以才能够成就他的伟大。

君子泰^①而不骄，小人骄而不泰。《论语·子路》

〔译文〕君子坦然而不傲慢，小人傲慢而不坦然。

〔注释〕①泰：安详。

自后者，人先之；自下者，人高之。（汉·扬雄《法言·寡见》）

〔译文〕自己靠后，别人把你推在前；自己谦恭，别人越会高看你。

功高而居之以让，势尊而守之以卑。（晋·习凿齿《曹操不存录张松》）

〔译文〕功劳大，要保持谦让；地位高，要保持谦卑。

自满者，人损之；自谦者，人益之。（唐·魏征《群书治要·尚书》）

〔译文〕骄傲自满的人，人们贬损他；谦虚谨慎的人，人们帮助他。

学者不长进，只是好己胜。（宋·陆九渊《陆象山集·语录》）

〔译文〕学习者不长进，原因在于骄傲自满。

好诞^①者死于诞，好夸者死于夸。（明·方孝孺《逊志斋集·吴士》篇后自注）

〔译文〕喜欢欺骗的人，因欺骗而死；喜欢夸耀的人，因夸耀而死。

〔注释〕①诞：欺骗。

能下人，故其心虚；其心虚，故所取广；所取广，故其人愈高。（明·李贽《焚书·高洁说》）

〔译文〕能居于人之下，所以他就内心谦虚；内心谦虚，所以他就能广泛猎取；广泛猎取，所以他就愈加高明。

自以为有余，必无孜孜求进之心，以一善自满，而他善无可入之隙，终亦必亡而已矣。（清·杨爵《明儒学案》卷九《漫录》）

〔译文〕自以为自己的才能多多有余，必然没有孜孜不倦的进取之心，因为有了一点善就感到自满，那么其他的善就没有来到他身上的机会，已有的善最终也必定是要消失的。

骄谄是一个人,遇胜我者则谄,遇不如我者则骄。<small>(清·申居郧《西岩赘语》)</small>

〔译文〕骄傲与谄媚同为一个人所为,遇到比自己强的人,就表现为谄媚;遇到不如自己的人,就表现为骄傲。

惟尽知己之所短,而后能去人之短;惟不恃己所长,而后能收人之长。<small>(清·魏源《默觚·治篇》)</small>

〔译文〕只有彻底了解自己的短处,然后才能去掉别人的短处;只有不依恃自己的长处,然后才能汲取别人的长处。

九、知耻

行己有耻。<small>(《论语·子路》)</small>

〔译文〕用羞耻之心来约束自己的行为。

羞恶之心,义之端也。<small>(《孟子·公孙丑上》)</small>

〔译文〕羞耻之心是道义的起点。

人之生,不幸不闻过,大不幸无耻。必有耻,则可教;闻过,则可贤。<small>(宋·周敦颐《通书·幸第八》)</small>

〔译文〕人的一生,没有听取别人指出自己的过失是不幸的,更不幸的是没有羞耻。人一定要有羞耻才可以教育;听取别人指出自己的过失,才能成为有道德的人。

知耻是由内心以生。……人须知耻,方能过而改。<small>(《朱子语类》卷九十七)</small>

〔译文〕羞耻心是在内心中产生的。……人一定要知道羞耻,这样才能勇于改正错误。

不善之不可为,非有所甚难知也。人亦未必不知,而至于甘为

不善而不之改者，是无耻也。（宋·陆九渊《陆象山集》卷三十二《拾遗·人不可以无耻》）

〔译文〕坏事不能做，这一点并不难明白。人们知道不可做坏事，却还要做坏事并且不思改过，这就是无耻。

夫人之患莫大乎无耻。人而无耻，果①何以为人哉？（陆九渊《陆象山集》卷三十二《拾遗·人不可以无耻》）

〔译文〕人最大的毛病便是"无耻"。如果人是无耻的，那么，究竟还有什么可以成为人？

〔注释〕①果：究竟。

十、反省

子曰："见贤思齐焉，见不贤而内自省①也。"（《论语·里仁》）

〔译文〕孔子说："见到贤者就要向他看齐，见到不贤的人就要内心自我省察。"

〔注释〕①自省（xǐng）：自我反省。

木受绳则直，金就砺则利，君子博学而日参省乎己，则知明而行无过矣。（《荀子·劝学》）

〔译文〕木料经过准绳的矫正就平直，刀具在磨刀石上磨过就锋利；君子博学而且每天反省自己，那就明智而且行为没有过错了。

朱子曰："……故皆有自恕之心，而不能痛去其病，故其病常随在，依旧逐事物流转。"（宋·朱熹《续近思录》卷十一）

〔译文〕朱子说："……都有自我宽恕之心，而不能下决心除去自己的毛病，所以他的毛病就时常存在，依旧随着事情的变化而流转。"

日省其身，有则改之，无则加勉。（宋·朱熹《四书章句集注·论语集

〔译文〕每天都反省自己，有过则改过，无过则加以勉励。

悔悟是去病之药，然以改之为贵。若留滞于中，则又因药发病。（明·王守仁《传习录》上）

〔译文〕悔恨是除去心中毛病的药物，但是，能改过才可贵。如果把悔恨留滞在心中，那又会因为药物而生病。

人能改过则善日长而恶日消。（明·钱琦《钱子测语·巽语篇》）

〔译文〕人能够改正过错，善性就会日益增长，恶性就会日益消减。

专责己者，兼可成人之善；专责人者，适以长己之恶。（清·李惺《西沤外集·药言剩稿》）

〔译文〕只责备自己的人，同时可以培养别人的善德；只责备别人的人，恰好用来助长自己的恶行。

十一、改过

君子以见善则迁，有过则改。（《周易·益卦·象传》）

〔译文〕君子看到善行，就向它看齐，有了过错，就要改正。

子曰："已矣①乎！吾未见能见其过而内自讼②者也。"（《论语·公冶长》）

〔译文〕孔子说："罢了！我未曾见到能看到自己的过失并且在内心责备自己的人。"

〔注释〕①已矣：罢了。②讼：责备。

不迁怒，不贰过。（《论语·雍也》）

〔译文〕不迁怒于人，不再犯以前犯过的错误。

言之者无罪，闻之者足以戒。（《诗毛氏传·大序》）

〔译文〕说话的人没有罪过，听话的人应引起足够的警戒。

闻毁勿戚戚，闻誉勿欣欣。自顾行何如，毁誉安足论？（唐·白居易《续座右铭》）

〔译文〕听到诽谤，不要悲伤；听到称赞，不要高兴。要看看自己的行为怎么样，毁谤和称赞哪里值得放在心上呢？

人誉己，果有善，但当持其善，不可有自喜之心；无善则增修焉可也。人毁己，果有恶，即当去其恶，不可有恶闻之意；无恶则加勉焉可也。（明·薛瑄《读书录·器量》）

〔译文〕别人称赞自己，果真有善德，只应当保持善德，不可内心沾沾自喜；如果没有善德，就增进品德修养，就可以了。别人诋毁自己，果真有恶行，就应当除去恶行，不能有厌恶听别人意见之意；如果没有恶行，就应当加以勉励，就可以了。

责我以过，当虚心体察，不必论其人何如。局外之言，往往多中。（清·申涵光《荆园小语》）

〔译文〕当别人责备我的过错时，应当虚心体会观察，不必管提意见的人怎样。局外人的话，往往说得中肯。

十二、廉洁

廉洁，是指为官者不以不合理的手段贪求公共财物。

临大利而不易其义，可谓廉矣。（《吕氏春秋·忠廉》）

〔译文〕面临着巨大利益而不动心，仍然按道义来做事，就可以称作廉洁了。

义士不欺心，廉士不妄取。（汉·刘向《说苑·谈丛》）

〔译文〕正义的人不会欺骗自己的良心，廉洁的人不会无原则地乱拿财物。

廉者常乐无求，贪者常忧不足。（隋·王通《中说·王道》）

〔译文〕廉洁的人能知足常乐，没有过多的欲求；贪婪的人则总是不知足，所以常常忧戚。

为主贪，必丧其国；为臣贪，必亡其身。（唐·吴兢《贞观政要·贪鄙》）

〔译文〕当君主的贪婪，必定会失去国家；当臣子的贪婪，必定会断送性命。

天下官吏不廉则曲法，曲法则害民。（宋·范仲淹《范文正公集·政府奏议》）

〔译文〕天下的官员不廉洁就会破坏法律，破坏法律就会坑害百姓。

廉者，民之表也；贪者，民之贼也。（宋·包拯《乞不用赃吏》）

〔译文〕廉洁者，是人民的表率；贪婪者，是人民的祸害。

廉耻，士君子之大节，罕能自守者，利欲胜之耳。（宋·欧阳修《欧阳文忠公文集·廉耻说》）

〔译文〕廉耻，是君子的大节操，很少有人能守住廉耻，是利益和欲望战胜了自己。

惟淡可以从俭，惟俭可以养廉。（明·周顺昌《第后柬德升诸兄弟》）

〔译文〕只有淡泊才可以节俭，只有节俭才可以培养清廉。

公生明，廉生威。（清·李煜《西沤外集·冰言》）

〔译文〕公正产生英明，廉洁产生威信。

十三、培养正觉

正觉是心灵的健康状态，误觉是心灵的病态。判断心灵是否处于正觉状态的标准是：心灵的活动是否符合义理，是否符合真、善、美的标准。当心灵处于正觉之中,就会形成正觉需要。如果一个人缺乏正觉需要,那么,他就无法体证良知、内疚、羞耻、爱、同情、忏悔等,甚至认为这一切是虚伪的、不真实的。

我善养吾浩然之气。……其为气也,至大至刚,以直养而无害,则塞于天地之间。其为气也,配义与道;无是,馁也。是集义所生者,非义袭而取之也。行有不慊于心,则馁矣。《孟子·公孙丑上》

〔译文〕我善于培养我的浩然之气。……这种气,最浩大最刚强,用正道去培养而不加伤害,就会充满于天地之间,无所不在。这种气,要同义和道相配合;没有道与义,气便不够盈满。这种气,是聚集了正义才产生的,不是凭偶尔的正义之举所能获取的。行为于心有愧,这种气便不够盈满。

所参之正念,操之既精,守之既密,则其意根不待净而自净,妄想不待离而自离。(明·苍雪《中峰广录》)

〔译文〕对所参究的正觉,修习得精妙,坚定守护,那么意念不须着意去净化而自会清净,妄想不须着意去消除而自会消除。

骏马之奔逸而不敢肆足者,衔辔之御也;……意识之流浪而不敢攀缘者,觉照之力也。《禅林宝训》卷四"佛智裕"

〔译文〕骏马奔驰而不敢狂乱举足,是由于有衔辔的制约;……意识活动而不被外物所牵引,是靠觉悟观照之力。

十四、驱除误觉

人的心灵是向外敞开的,来自于外的精神营养和精神毒素源源不断地注入到人的心灵之中。在自然状态之下,人没有拒斥和排出精神毒素的能力，精神毒素在心中不断积累，最终形成误觉。误觉是指心灵经过长期的精神毒素的浸染而处于不健康的状态，包括人格扭曲、心理变态、品质低劣、情趣低俗、精神失常等，其内涵远比医学上认定的精神病广泛。驱逐黑暗的惟一途径便是光明降临。同样，驱逐误觉的办法就是培养正觉。

嫉先刨己，而后刨人。《《出曜经》卷十五》

〔译文〕嫉妒，首先损伤自己，然后损害别人。

贪财为爱欲，害人亦自缚。《《法集要颂经·爱欲品第二》》

〔译文〕贪图财物便是贪欲，损害他人，束缚了自己。

人心有病，须是剥落，剥落得一番，即一番清明，后随起来，又剥落又清明，须是剥落得净尽方是。（宋·陆九渊《陆象山集·语录》）

〔译文〕人的心有了病态，应当剥除，剥除一番，便有一番清明。接着，又剥除，又是一番清明，应该是剥除干净了才行。

心有真心妄心，真心照境而无生，妄心则因境牵起者也。（明·真可《紫柏老人集》卷九）

〔译文〕心有真心、妄心两种，真心观照外境而不为外境所污染，妄心则是由外境牵引而产生的。

殊不知私欲日生，如地上尘，一日不扫便又有一层。（明·王守仁《传习录》上）

〔译文〕殊不知私欲天天滋生，就如地上的灰尘，一天不扫除，就会又多一层。

非鬼迷也，心自迷耳。如人好色，即是色鬼迷；好货，即是货鬼迷；怒所不当怒，是怒鬼迷；惧所不当惧，是惧鬼迷也。（王守仁《传习录》上）

〔译文〕并不是鬼迷惑了人,是人自己的心处于迷惑之中。例如,人好色,就是色鬼迷;贪财,就是财鬼迷;不该怒时而发怒,就是怒鬼迷;不该怕时而害怕,就是惧鬼迷。

譬之病疟之人,虽有时不发,而病根原不曾除,则亦不得谓之无病之人矣。须是平日好色、好利、好名等项一应私心扫除荡涤,无复纤毫留滞,而此心全体廓然,纯是天理,方可谓之喜、怒、哀、乐未发之中,方是天下之大本。(王守仁《传习录》上)

〔译文〕好比某人患了疟疾,虽有时不发病,但病根没有拔除,也就不能说他是健康之人。必须把平素好色、贪利、好名等一切私欲,扫除干净,不再有丝毫遗留,自己的心灵彻底纯洁空明,完全符合天理,才可以叫做喜、怒、哀、乐未发之中,这才是天下太平的根本。

降魔者先降自心,心伏,则群魔退听;驭横者先驭此气,气平,则外横不侵。(明·洪应明《菜根谭》)

〔译文〕降服魔怪,应当首先降伏自己的心灵,心灵被降服了,那么群魔自然就听命而退;驾驭横暴,先驾驭自己的心气,心气平和,那么外面的横暴就不会侵害到自己了。

矜高倨傲,无非客气,降服得客气下,而后正气伸;情欲意识,尽属妄心,消杀得妄心尽,而后真心现。(洪应明《菜根谭》)

〔译文〕骄矜傲慢,无非是来自外界的血气冲动,如果能把这种血气制服住,正气就会得到伸张。情欲和杂芜意识,都属于虚妄之心,只有消除这些虚妄之心,自己的本性才会显现。

天运之寒暑易避,人世之炎凉难除;人世之炎凉易除,吾心之冰炭难去。去得此中之冰炭,则满腔皆和气,自随地有春风矣。(洪应明《菜根谭》)

〔译文〕天气中的寒暑,容易躲避,人世中的冷暖,难以消除;(即便)人情的冷暖容易排除,我们自己心灵上的冰块和炭火(却)难以清除。能把心灵上冰块和炭火清除,那么满腔充满了温和之气,随时随地都感到春风吹拂。

[题解]

　　"毅"的本义是意志坚强，包括自主精神、独立意识、个人尊严、自我实现、奋斗精神、探索精神、创造精神、自强不息、杀身成仁、舍生取义、威武不屈、勇敢顽强等。孟子提倡"富贵不能淫，贫贱不能移，威武不能屈"，曾子说"士不可以不弘毅，任重而道远"。在竞争空前激烈的时代，中华民族应当大力弘扬"毅"的精神，克服奴性意识、自卑情结，纠正随波逐流的习性。"毅"的精神必须在仁义的前提下发挥，孔子说："见义不为，无勇也。"倡导"毅"的精神，可以养成中华民族勤劳勇敢、自强不息、艰苦奋斗的民族品格。

一、立志坚定

曾子曰:"士不可以不弘毅,任重而道远。仁以为己任,不亦重乎? 死而后已,不亦远乎?"(《论语·泰伯》)

〔译文〕曾子说:"士人不可以不胸怀宽广、性格刚毅,责任重大,道路长远。以行仁道作为自己的使命,这不重大吗? 至死方休,这不长远吗?"

三军可夺帅也,匹夫不可夺志也。(《论语·子罕》)

〔译文〕军队可以夺去统帅,普通人不可以丧失志向。

屈己以富贵,不若抗志以贫贱。(秦·孔鲋《孔丛子·抗志》)

〔译文〕自己卑躬屈膝去获得富贵,不如抱着崇高的志向而过着贫穷低贱的生活。

有志者事竟成。(《后汉书》卷十九)

〔译文〕有志之人,事业最终会成功。

老骥伏枥①,志在千里;烈士②暮年,壮心不已。(三国·魏·曹操《步出夏门行·龟虽寿》)

〔译文〕老马伏身在马槽旁,却有远奔千里之志;有志之士到了暮年,雄心依然。

〔注释〕①枥:马槽。②烈士:壮士,有志之士。

老当益壮,宁移白首之心? 穷且益坚,不坠青云之志。(唐·王勃《滕王阁序》)

〔译文〕年老的时候意志更加刚强,哪能在白发苍苍的老年改变心愿呢? 处境艰难却更加坚强,不放弃自己的凌云壮志。

人若志趣不远,心不在焉,虽学无成。学者不宜志小,气轻志小则易足,易足则无由进。(宋·张载《经学理窟·义理》)

〔译文〕人若志向和情趣不远大，心思不集中在志趣上，即使学习也不会有什么成就。学习者不应志气小，志气小就易于满足，易于满足就没办法进取。

世之奇伟、瑰怪、非常之观，常在于险远，而人之所罕至焉，故非有志者不能至也。（宋·王安石《游褒禅山记》）

〔译文〕世界上奇特雄伟、瑰丽怪诞、伟大非凡的景观，常常在远方的险要之处，那是人迹罕至的地方，所以没有志向的人是不能到达的。

自陋者不足与有言也，自小者不足与有为也。（宋·胡宏《胡子知言·好恶》）

〔译文〕自以为浅陋的人没有高深的言论，自以为渺小的人不会有什么作为。

志利欲者，便如趋夷狄禽兽之径；志理义者，便是趋正路。（《朱子语类》卷一百二十）

〔译文〕有志于利益欲望者，就像走上禽兽的道路；有志于义理者，便是走上正路。

立志要定，不要杂；要坚，不要缓。（宋·陈淳《北溪字义》卷上）

〔译文〕立志要明确，不要杂乱；要坚定，不要犹豫不决。

病于安常习故，而不能奋然立志以求自拔。（陈淳《用功节目》）

〔译文〕人的毛病在于安于常规，习惯守旧，而不能奋起树立远大志向，以求从中挣脱出来。

士之所以因循苟且，随俗习非，而卒归于污下者，凡以志之弗立也。（明·王守仁《王阳明全集》卷七《示弟立志说》）

〔译文〕士人之所以因循守旧，苟且偷生，随波逐流，不辨是非，而且最终成为卑劣者，皆因不立志啊。

志不立，如无舵之舟，无衔①之马，漂荡奔逸，终亦何所底②乎?

〔译文〕志向不确立，就像没有舵的船，没有缰绳的马，到处游荡奔跑，不知道最终要到什么地方停止。

〔注释〕①衔：横在马口中备抽勒的铁，此指马的缰绳。②底：止。

人之所为，万变不齐，而志则必一，从无一人而两者。志于彼又志于此，则不可名为志，而直谓之无志。（清·王夫之《俟解》）

〔译文〕人的行为千变万化，但志向必须专一，从来没有人能同时有两个不同的志向。一会儿把这个作为志向，一会儿又把那个作为志向，这就算不上是志向，简直可以说是没有志向。

志高品高，志下品下。（清·石成金《传家宝》二集卷二《人事通》）

〔译文〕志向高的，人品就高；志向低的，人品就低。

老来益当奋志，志为气之帅，有志则气不衰，故不觉其老。（清·申涵光《荆园进语》）

〔译文〕年老之时更应当斗志奋发，志是气的统帅，有志，气就不会衰退，所以不觉得人已老了。

二、自尊自信

彼一时，此一时也。五百年必有王者兴，其间必有名世者。由周而来，七百有余岁矣。以其数，则过矣；以其时考之，则可矣。夫天未欲平治天下也；如欲平治天下，当今之世，舍我其谁也？（《孟子·公孙丑下》）

〔译文〕当时是当时，现在是现在。每过五百年，一定有圣明的君王兴起，其中还一定有杰出的人出现。从周初以来，已经七百多年了。算年头已过了五百之数，论时势则是圣君贤臣兴起的时候了。也许是上天还不想让天下太平吧；如果上天想使天下太平，当今这个时代，除了我还有谁呢？

欲贵者，人之同心也。人人有贵于己者，弗思耳矣。人之所贵者，菲良贵也。（《孟子·告子上》）

〔译文〕希望尊贵，这是人们共同的心愿。每个人在自己身上都有尊贵的东西，只是没有深思罢了。别人所给予的尊贵，不是真正的尊贵。

人苟以善自治，则无不可移者。虽昏愚之至，皆可渐磨而进。惟自暴者拒之以不信，自弃者绝之以不为，虽圣人与居，不能化而入也。（宋·程颢、程颐《二程集·程氏易传·革传》）

〔译文〕人如果用善来作自我修养，那就没有不可改变的人。即使是昏庸愚昧到了极点，也都可以渐渐磨练而不断进步的。只有自暴者因为不相信而拒绝向善，自弃者因为不去做而拒绝向善，即使和圣人住在一起，也不会受到教化。

自安于弱，而终于弱矣；自安于愚，而终于愚矣。（宋·吕祖谦《东莱博议·葵邱之会》）

〔译文〕自己安于贫弱，最终也只能是贫弱；自己安于愚昧，最终也只能是愚昧。

若甘心于自暴自弃，便是不能立志。（宋·陈淳《北溪字义》卷上）

〔译文〕如果甘心自暴自弃，这就是不能立志。

人不自重，斯召侮矣；不自强，斯召辱矣。自重自强，而侮辱犹是焉，其斯为无妄之灾也已。（明·薛应旗《薛方山纪述》）

〔译文〕人不自重，这会招致羞辱；不自强，这会招致羞辱。自重自强，但羞辱依然存在，这就是不由自己的妄行而产生的外来灾祸了。

三、自主自为

子曰："君子求诸己，小人求诸人。"（《论语·卫灵公》）

〔译文〕孔子说:"君子向自己提出要求,小人向别人提出要求。"

君子敬其在己者,而不慕^①其在天者,是以日进也;小人错^②其在己者,而慕其在天者,是以日退也。(《荀子·天论》)

〔译文〕君子看重自己这方面的因素,而不指望天助,所以日益进步;小人放弃自己这方面的努力,而指望天助,所以日益退步。

〔注释〕①慕:指望。②错:通"措"。

心者,形之君也而神明之主也,出令而无所受令。自禁也,自使也,自夺也,自取也,自行也,自止也。(《荀子·解蔽》)

〔译文〕心灵,是身体的君王,也是精神的主宰,它发出命令而不是接受命令。它能够自行约束,自行运用,自行取消,自行获取,自行活动,自行停止。

君子之自行也,敬人而不必见敬,爱人而不必见爱。敬爱人者,己也;见敬爱者,人也。君子必在己者,不必在人者也。(《吕氏春秋》卷十四《必己》)

〔译文〕君子自主地行动,尊敬别人而不必被别人尊敬,爱护别人而不必被别人爱护。尊敬、爱护别人,这是自己的事;被别人尊敬爱护,这是别人的事。君子必定考虑自己的这个方面,而不必考虑他人的那个方面。

自信者,不可以诽誉迁也;知足者,不可以势利诱也。(汉·刘安《淮南子·诠言训》)

〔译文〕自信的人,不因别人的攻击或吹捧而改变;知足的人,不会被权势、利益所引诱。

古之学者为己,以补不足也;今之学者为人,但能说之也。古之学者为人,行道以利世也;今之学者为己,修身以求进也。(北齐·颜之推《颜氏家训·勉学》)

〔译文〕古代的学习者,是为了提高自己,以弥补自己的不足;现在的学习者，是为了做给别人看，只能取悦于别人。古代的学习者为了别人，推行大道，有利于人间；现在的学习者为了自己，修养自己是为了求得自己的好处。

目不淫于炫耀之色，耳不乱于阿谀之辞。（唐·魏征《群书治要·新语》）

〔译文〕眼睛不被光亮夺目的颜色所迷惑，耳朵不被谄媚奉承的言语所扰乱。

为天地立心，为生民立命，为往圣继绝学，为万世开太平。（宋·张载《近思拾遗录》）

〔译文〕为天地树立良心，为人民安身立命，为过去的圣人继承中断了的学说，为千秋万代开创太平盛世。

此正如破屋中御寇，东面一人来未逐得，西面又一人至矣。左右前后，驱逐不暇。盖其四面空疏，盗固易入，无缘用得主定……盖中有主则实，实则外患不能入，自然无事。（宋·程颢、程颐《二程遗书》卷一）

〔译文〕这正如在破旧的屋子里抵御贼寇，东边有一个盗贼来了还没赶出去，西面又有一个盗贼来了。前后左右，无暇顾及，驱赶不走。原因是四面八方都有空隙，盗贼当然容易进来，无法使主人安宁……心中有主见就感到充实，心中充实了，外在的祸害就不能进入，自然也就平安无事了。

如人饮水，冷暖自知。（宋·普济《五灯会元》卷二）

〔译文〕就像人们喝水，水是冷是热只有自己知道。

收拾精神，自作主宰，万物皆备于我，有何欠阙？（宋·陆九渊《陆象山集》）

〔译文〕振作精神，自己做自己的主人，万物的精神都在我身上具备，有何欠缺之处？

公但直信本心，勿顾影，勿疑形，则道力固自在也，法力固自在

也，神力固自在也。（明·李贽《焚书·李中溪先生告文》）

〔译文〕你只要相信自己的本心，不要反顾自己的影子，不要怀疑自己的形体，那么，大道的力量本来就在自己身上，大法的力量本来就在自己身上，精神的力量本来就在自己身上。

放者流为猖狂，收者入于枯寂。惟善操身心者，把柄在手，收放自如。（明·洪应明《菜根谭》）

〔译文〕放荡的人会流入猖狂不羁，收敛的人会流入枯寂空虚。只有善于操持身心的人，将主动权操持在自己的手中，才能该放便放，该收便收。

毋因群疑而阻独见，毋任己意而废人言，毋私小惠而伤大体，毋借公论以快私情。（洪应明《菜根谭》）

〔译文〕不要因为许多人怀疑，就放弃了自己独特的见解；不要听任自己的主意而废弃了别人的意见；不要为了小便宜而损害大局；不要假借公正的舆论而满足私自的情欲。

四、经受磨练

子曰："君子食无求饱，居无求安，敏于事而慎于言，就①有道而正焉，可谓好学也已。"（《论语·学而》）

〔译文〕孔子说："君子饮食不追求饱足，居住不追求安逸，做事勤勉，说话谨慎，接近有道德的人，以匡正自己，这就可以说是一个好学的人了。"

〔注释〕①就：靠近。

故天将降大任于是人也，必先苦其心志，劳其筋骨，饿其体肤，空乏其身，行拂①乱其所为，所以动心忍性，曾②益其所不能。（《孟

〔译文〕上天要将重任降临在一个人肩上，必定首先折磨他的心灵，使他四肢劳累，使他肚子饥饿，生活贫困，他的行为被扰乱，这样，便可以震动他的心灵，磨练了他的品性，增强他的能力。

〔注释〕①拂：违背。②曾：同"增"。

夫民劳则思，思则善心生；逸则淫，淫则忘善，忘善则恶心生。
《国语·鲁语下》

〔译文〕人们辛劳就会思虑，思虑就会产生善心；安逸就会淫乱，淫乱就会忘记善，忘记善就会从心中产生恶念。

玉者温润之物，若将两块玉来相磨，必磨不成，须是得他个粗砺底物，方磨得出。譬如君子与小人处，为小人侵凌，则修省畏避，动心忍性，增益预防，如此便道理出来。(宋·程颢、程颐《二程遗书》卷二上)

〔译文〕玉是温和细润的东西，如果拿两块玉相磨，必然磨不成玉器，需要有一个粗糙的东西，才能磨成玉器。譬如，君子与小人相处，被小人欺凌，就能修养、反省，或者畏惧、避开，震动心性，磨练意志，增强防御能力，如此，道理便体现出来。

人须在事上磨，方立得住。(明·王守仁《传习录》上)

〔译文〕人应该在事上磨练，才站立得起来。

当得意时，须寻一条退路，然后不死于安乐；当失意时，须寻一条出路，然后可生于忧患。(明·徐学模《归有园麈谈》)

〔译文〕当一个人得意之时，要寻找一条退路，然后才不会在安乐中衰败死亡；当一个人失意之时，要寻找一条出路，然后才可以在忧患中获得新生。

五、自强不息

天行健，君子以自强不息。(《周易·乾卦·象传》)

〔译文〕天道运行刚健,君子因此而自强不息。

子曰:"君子无所争,必也射乎! 揖让①而升,下而饮,其争也君子。"《论语·八佾》

〔译文〕孔子说:"君子没什么可争的,要是有争的话,那必定就是比赛射箭了! 作揖谦让而上场比试,射完箭后下来饮酒,这种争是君子之争。"

〔注释〕①揖让:拱手、弯腰以表示谦退。

子曰:"默而识①之,学而不厌②,诲③人不倦,何有于我哉?"《论语·述而》

〔译文〕孔子说:"默默地记住所学知识,学习永不满足,教导别人而不倦息,对此,我做到了哪些呢?"

〔注释〕①识(zhì):记取。②厌:满足。③诲:教诲。

叶公问孔子于子路,子路不对①。子曰:"女②奚③不曰,其为人也,发愤忘食,乐以忘忧,不知老之将至云尔④。"《论语·述而》

〔译文〕叶公向子路问关于孔子的事,子路没回答。孔子说:"你为什么不说:他的为人就是,发愤努力以致忘记吃饭;十分快乐以致忘了忧愁,不知道衰老即将来临,如此而已。"

〔注释〕①对:对答。②女:同"汝"。③奚不:何不。④云尔:如此罢了。

故君子和而不流,强哉矫! 中立而不倚,强哉矫! 国有道,不变塞①焉,强哉矫! 国无道,至死不变,强哉矫!《中庸》第十章

〔译文〕君子处世和平但不随波逐流,坚强啊! 坚守中道而不偏不倚,坚强啊! 国家有道,不改变志向,坚强啊! 国家无道,至死不改变,坚强啊!

〔注释〕①塞:充实,即充实于内心的志向。

六、正义之勇

子曰："非其鬼而祭之，谄①也；见义不为，无勇也。"《论语·为政》

〔译文〕孔子说："不是自己所应当祭祀的鬼神而去祭祀它，这是谄媚；见到正义的事不去做，这是没有勇气。"

〔注释〕①谄：谄媚。

子曰："有德者必有言，有言者不必有德。仁者必有勇，勇者不必有仁。"《论语·宪问》

〔译文〕孔子说："有道德的人一定有好的言论，但有好的言论的人不一定有道德。仁者一定勇敢，但勇敢的人不一定仁。"

君子义以为上。君子有勇而无义为乱，小人有勇而无义为盗。
《论语·阳货》

〔译文〕君子把正义看作是最重要的。君子勇敢而没有正义就会作乱，小人勇敢而没有正义就会当强盗。

轻死而暴，是小人之勇也。义之所在，不倾于权，不顾其利，举国而与之不为改视，重死、持义而不桡①，是士君子之勇也。《荀子·荣辱》

〔译文〕轻视生命而又暴虐，这是小人的勇敢。站在正义立场上，不屈服于权势，不顾利害得失，即使整个国家的人都反对他，也不改变看法，看重生死大义，坚持正义决不屈从，这是士君子的勇敢。

〔注释〕①桡：同"挠"，屈服。

夫民无常勇，亦无常怯。有气则实，实则勇；无气则虚，虚则怯。
《吕氏春秋》卷八

〔译文〕人民没有不会改变的勇敢，也没有不会改变的胆怯。士气饱满就会内心充实,内心充实就会勇敢;缺乏士气就会心虚,心虚就会胆怯。

士之为人,当理不避其难,临患忘利,遗生行义,视死如归。《吕氏春秋》卷十二)

〔译文〕君子做人,有理不回避危难,面对患难而忘却私利,终生都遵行正义,视死如归。

勇一也,而用不同,有勇于气者,有勇于义者。君子勇于义,小人勇于气。(宋·程颢、程颐《二程集·河南程氏外书》卷七)

〔译文〕勇敢只是一种,而所用之处不同,有在意气上勇敢的人,有在正义上勇敢的人。君子在正义上勇敢,小人在意气上勇敢。

人情有所不能忍者,匹夫见辱,拔剑而起,挺身而斗,此不足为勇也。天下有大勇者,卒然临之而不惊,无故加之而不怒。此其所挟持者甚大,而其志甚远也。(宋·苏轼《进论·留侯论》)

〔译文〕人之常情中有不能忍受的地方,一般人受到羞辱,拔剑而起,挺身而出进行斗争,这够不上勇敢。天下有大勇之人,有突然降临的事情而不惊恐,无缘无故地强加给他,也不感到愤怒。这是他所挟持的东西很大,他的志向很高远。

七、坚强不屈

子曰:"刚、毅、木①、讷②,近仁。"(《论语·子路》)

〔译文〕孔子说:"刚强、果敢、朴实、谨慎,这些都接近于仁德。"

〔注释〕①木:质朴。②讷:语言拘谨。

子曰:"吾未见刚者。"或对曰:"申枨。"子曰:"枨也欲,焉①得刚?"(《论语·公冶长》)

〔译文〕孔子说:"我未曾见过刚强的人。"有人答道:"申枨是这种人。"

孔子说:"申枨这个人欲望太多,怎么会刚强呢?"

〔注释〕①焉:怎么。

居天下之广居,立天下之正位,行天下之大道。得志,与民由之;不得志,独行其道。富贵不能淫,贫贱不能移,威武不能屈,此之谓大丈夫。(《孟子·滕文公下》)

〔译文〕住在宽广的仁爱的宅子里,立身于天下正确的位置中,行走在天下正大光明的道路上。得志时,带领民众和自己一起走正道;不得志时,独自践行正道。富贵不能使自己乱心,贫贱不能使自己改变志向,暴力不能使自己屈服,这就叫大丈夫。

放不下,便担起去。(宋·晓莹《云卧纪谈》卷上)

〔译文〕如果放不下,就担当起来。

见善明,则重名节如泰山;用心刚,则轻死生如鸿毛。(宋·林逋《省心录》)

〔译文〕明白看见善道,就会把名节看得像泰山一样重;用心刚正,就会把死亡看得像鸿毛一样轻。

八、以力抗命

莫非命也,顺受其正;是故知命者不立乎岩墙之下。尽其道而死者,正命也;桎梏死者,非正命也。(《孟子·尽心上》)

〔译文〕无一不是命运的作用,要以顺应的态度去接受正命;所以知道命运的人,不去站在有可能倒塌的墙壁之下。尽力行道而死的,就是正命;犯罪戴着镣铐而死的,就不是正命。

君子为善不能使福必来,不为非而不能使祸无至。福之至也,非其所求,故不伐其功;祸之来也,非其所生,故不悔其行。(《淮南

〔译文〕君子做好事，不能使福气必定到来；不做坏事，不能使祸灾不会来到。福气来到，不是自己所追求的，所以不炫耀自己的功劳；祸灾来到，不是自己所导致的，所以不后悔自己的行为。

祸之来也，人自生之；福之来也，人自成之。《淮南子·人间》

〔译文〕祸到来，是自己导致的；福到来，是自己促成的。

知命者，预见存亡祸福之原，早知盛衰废兴之始；防事于未萌，避难于无形。（汉·刘向《说苑·权谋》）

〔译文〕懂得命运的人，能预见生死存亡、灾祸、幸福的本原，及早知道强盛、衰落、废兴的起始；预防于事情尚未萌生之时，避难于尚未形成之时。

九、超越生死

吾以天地为棺椁，以日月为连璧，星辰为珠玑，万物为赍送。《庄子·列御寇》

〔译文〕我以天地作为棺材，以太阳和月亮作为双璧，以星辰作为珠玑，以万物作为送葬品。

夫大块载我以形，劳我以生，佚我以老，息我以死。故善吾生者，乃所以善吾死也。《庄子·大宗师》

〔译文〕大地负载着我的形体，生活使我劳累，衰老使我安逸，死亡使我得以安息。所以，把我的生当作好事的，也把我的死看作好事。

生也死之徒，死也生之始，孰知其纪？人之生，气之聚也。聚则为生，散则为死。若死生为徒，吾又何患！故万物一也，是其所美者为神奇，其所恶者为臭腐；臭腐复化为神奇，神奇复化为臭腐。《庄

〔译文〕生是死的同类，死是生的开始，谁能够了解它们的头绪？人的诞生，是气的聚集。气聚集在一起人就诞生，气消散了人就死。如果死和生是同类，我又何必忧虑！所以万物是统一的，他们把自己所认为是美好的东西当作神奇，他们又都把自己所认为是丑恶的东西当作臭腐；臭腐可以变化为神奇，神奇也可以变化成臭腐。

风萧萧兮易水寒，壮士一去兮不复还。（《战国策》卷三十一《燕太子丹质于秦亡归》）

〔译文〕寒风萧萧，易水冰冷，壮士去了不再回来。

人固有一死，死，或重于泰山，或轻于鸿毛。（汉·司马迁《报任安书》）

〔译文〕人固然是要死的。同样是死，有的人重于泰山，有的人轻于鸿毛。

化①**者，复归于无形也；不化者，与天地俱生也。**（《淮南子·精神》）

〔译文〕所谓死，就是由有形再返归到无形；所谓不死，是说精神与天地同在。

〔注释〕①化：这里指死。

良将不怯死以苟免，烈士不毁节以求生。（《三国志·魏书·庞德传》）

〔译文〕良将不会因怕死而苟且得免，烈士不会玷污节操而偷生。

大丈夫宁可玉碎，不能瓦全。（《北齐书·元景安传》）

〔译文〕大丈夫宁可像玉石一样粉碎，也不能像瓦片一样完好无损。

死生，天地之常理，畏者不可以苟免，贪者不可以苟得也。（宋·欧阳修《集古录跋尾》卷六《唐华阳颂》）

〔译文〕死与生，是天地之间的永恒真理，畏惧死亡者不会苟且得以免除死亡，贪生者也难以苟且保全生命。

生而死，死而生，如草木之花，开开谢谢，才有理趣。（清·钱泳《履园丛话·神仙》）

〔译文〕由生至死，由死至生，就如草木中的花朵，开了又谢，谢了又开，才有趣味。

有心杀贼，无力回天，死得其所，快哉快哉！(清·谭嗣同《狱中题壁》)

〔译文〕有杀贼之心，无回天之力，死得其所，痛快痛快！

十、舍生取义

志士仁人，无求生以害仁，有杀身以成仁。(《论语·卫灵公》)

〔译文〕志士仁人，不会为了保住自己的生命而损害了仁道，只会献出自己的生命来成就仁道。

朝闻道，夕死可矣。(《论语·里仁》)

〔译文〕早晨得知大道，当晚死去也是值得的。

死而不义，非勇也。(《左传》文公二年)

〔译文〕为不正义的事去死，不算勇敢。

可杀而不可辱也。(《礼记·儒行》)

〔译文〕可以被杀，不可以被羞辱。

义之所在，身虽死，无憾悔。(《战国策·秦策三》)

〔译文〕正义所在之处，即使牺牲生命，也没有什么悔恨。

君子生以辱，不如死以荣。(汉·董仲舒《春秋繁露·竹林》)

〔译文〕君子耻辱地活着，不如光荣地死去。

富以苟不如贫以誉，生以辱不如死以荣。(《大戴礼记·曾子制言上》)

〔译文〕富贵而苟且，不如贫困而荣誉；活着遭受耻辱，不如死得光荣。

非其义，君子不轻其生；得其所，君子不爱其死。(唐·白居易《汉将李陵论》)

〔译文〕不合乎正义，君子决不轻易断送生命；死得其所，君子不吝惜自己的生命。

义在于生，则舍死而取生；义在于死，则舍生而取死。（《朱子语类》
卷五十九）

〔译文〕正义要求生，就舍去死而选择生；正义要求死，就舍弃生而选
择死。

**理当死而求生，则于其心有不安矣，是害其心之德也。当死而
死，则心安而德全矣。**（宋·朱熹《四书章句集注·论语集注·卫灵公》）

〔译文〕按理应当死却求生，那么他心中就有所不安，这损害了他心中
的道德良知。应当死就死去，就能心安理得而保全自己的德性。

生当作人杰，死亦为鬼雄。（宋·李清照《乌江》）

〔译文〕活着是人间豪杰，死了也是阴间英雄。

以身殉道不苟生，道在光明照千古。（宋·文天祥《指南后录·言志》）

〔译文〕为正道而死，不苟且偷生，正道永存，光辉照耀千古。

粉身碎骨浑不怕，要留清白在人间。（明·于谦《石灰吟》）

〔译文〕粉身碎骨毫不畏惧，要把清白留在人间。

**事业文章随身销毁，而精神万古如新；功名富贵逐世转移，而气
节千载一日。**（明·洪应明《菜根谭》）

〔译文〕事业和文章随着身死而消失，但留下的精神却万古常新。功
名和富贵随时代而变化，而气节却千年如一日。

**若从生死破生死，如何破得。只就义利辨得清认得真，有何生
死可言。义当生则生，义当死则死。眼前只见一义，不见有生死在。**
（明·刘宗周《刘子全书·会录》）

〔译文〕如果就生死来剖析生死，如何解释得清楚。只能从义利上才
辨得清楚真切，有何生死可言？从正义的立场看，应当生就生，应当死就
死。眼前只看见正义，不看见有生与死的存在。

世俗以形骸为生死，圣贤以道德为生死。赫赫与日月争光，生固生也，死亦生也。碌碌与草木同腐，死固死也，生亦死也。（清·汪汲《座右铭类编·摄生》）

〔译文〕世俗观念是把身体的存在当作生死，圣贤则把道德的存在当作生死。光辉灿烂，与日月争辉，活着固然活着，死了也如同活着一样。碌碌无为，与草木一起腐烂，死了固然就是死了，活着也同死了一样。

卷十

和

[题解]

　　"和"有协调、和谐、适中、合作等含义，包括和谐共处、维护统一、爱好和平、兼容并包、天人合一、厚德载物、良性竞争、仇必和解、中庸之道、和而不同、抑强扶弱、和实生物、阴阳和谐、均衡互制、各安其位等。"和"是儒家文化特别强调的精神，孔子的弟子有子说："礼之用，和为贵。"孟子说："天时不如地利，地利不如人和。"孔子主张"君子和而不同"，坚持在建立和谐关系时必须坚持道义原则。在实践中要注意避免出现投机、世故、圆滑、不敢坚持原则等问题。倡导"和"的精神，可以养成中华民族爱好和平、团结友爱、维护统一的民族品格。

一、和谐原理

1. 宽恕包容

不教而杀谓之虐；不戒视成谓之暴；慢令致期为之贼。《论语·尧曰》

〔译文〕不经过教育，(犯了罪)就诛杀，这就是虐；不先告诫，只等着最后的结果，这就是暴；命令下得很迟，却要人按期完成，这就是贼。

子曰："躬自①厚而薄责于人，则远怨矣。"《论语·卫灵公》

〔译文〕孔子说："严格要求自己而少责备别人，就可以避开怨恨了。"

〔注释〕①躬自：自己。

以己量人之谓恕。（汉·贾谊《新书·道术》）

〔译文〕从自己的所喜所恶去推度别人的所喜所恶，这就是恕。

则己所欲，必当施诸人。（清·刘宝楠《论语正义·颜渊第十二》）

〔译文〕那么自己所需要的，就应当给予他人。

2. 仇必和解

有象斯有对，对必反其为；有反斯有仇，仇必和而解。（宋·张载《正蒙·太和》）

〔译文〕任何现象都有对立的方面，有对立的方面必定产生相反的作用，产生相反的作用就造成仇恨，有了仇恨最终要和解。

相反相仇则恶，和而解则爱。（清·王夫之《张子正蒙注》）

〔译文〕相互对立，互相仇恨，就会产生恶；和谐相处，互相谅解，就会产生爱。

3. 中庸之道

"中"有不偏不倚之意,也就具有遵守而不偏离之意,故中庸之道的完整意义应该是:执守正道。

凡事行,有益于理者,立之;无益于理者,废之:夫是之谓中事。凡知说,有益于理者,为之;无益于理者,舍之:夫是之谓中说。事行失中谓之奸事,知说失中谓之奸道。奸事、奸道,治世之所弃而乱世之所从服也。(《荀子·儒效》)

〔译文〕凡做事,有益于道理的,就确立;无益于道理的,就废弃:这就是正道之事。凡是知识学说,有益于道理的,就信守;无益于道理的,就舍弃:这就叫中说。做事失去了正道就叫奸事,知识学问失去了正道就叫奸道。奸事、奸道,被治世所抛弃,被乱世所推崇。

喜怒哀乐之未发,谓之中;发而皆中节,谓之和。中也者,天下之大本也;和也者,天下之达道也。致中和,天地位焉,万物育焉。(《中庸》第一章)

〔译文〕喜怒哀乐未发之时,处于不偏不倚的状态,这是"中";喜怒哀乐已发之时,能够都符合正道,这叫"和"。中,是天下通行的根本法则;和,是天下通行的大道。达到"中"与"和",天与地就会各安其位,万物就会生长。

喜怒哀乐,情也。其未发,则性也,无所偏倚,故谓之中。(宋·赵顺孙《四书纂疏·中庸纂疏》)

〔译文〕喜怒哀乐,是"情"。当喜怒哀乐处于未发状态中,则是"性",不偏不倚,所以叫做"中"。

4. 适度存在

任何事物都是在一定的度之内存在。我们要保持某事物的存在,就必须使它存在于上限度和下限度之间,这叫做"中"。如果某一事物达不到该类事物的下限度,就叫做"不及";如果某一事物超过了该类事物的上限度,就叫做"过"。存在着"过"与"不及"这两个极端,去除这两个极端,才能使事物存在于恰当的度之中。

过犹不及。《论语·先进》

〔译文〕"过"与"不及"都是一样(错误的)。

求也退,故进之;由也兼人①**,故退之**。《论语·先进》

〔译文〕冉有做事畏缩不前,所以我要鼓励他;仲由盛气逼人,所以我要让他谦让。

〔注释〕①兼人:胜过人。

《关雎》,乐而不淫①**,哀而不伤**。《论语·八佾》

〔译文〕《关雎》,快乐而不过分,忧愁而不过度伤身。

〔注释〕①淫:过分。

君子惠而不费,劳而不怨,欲而不贪,泰而不骄,威而不猛。《论语·尧曰》

〔译文〕君子施恩惠但不浪费,(使百姓)劳累但不(因过度而)产生怨恨,有欲望但不贪婪,庄重但不骄傲,威严但不凶猛。

按照物极必反的规律,当事物的存在超出了上限度之后,就走向毁灭、变异,或走向反面。懂得物极必反的规律,若要维持自身的存在,就要避免走向极端。

亢①**龙有悔**。《周易·乾卦·上九爻辞》

〔译文〕升腾到极高之处的龙,就会有灾祸。

〔注释〕①亢：极。

是以圣人去甚，去奢，去泰。（《老子》第二十九章）

〔译文〕所以，圣人不去走极端，杜绝奢侈，不过分。

5. 和而不同

任何事物，都是多方面因素的结合，有时是相反的因素结合在一起的。不同的事物，各自具有不同的属性，各自发挥着应有的作用和功能，由此而构成多样化、多元化的和谐世界。

君子和而不同，小人同而不和。（《论语·子路》）

〔译文〕君子讲求和谐，但不必和别人完全相同；小人讲求同别人完全相同，但不追求和谐。

万物并育而不相害，道并行而不相悖。（《中庸》第三十章）

〔译文〕万物共同生长而不互相侵害；各种道理共存而不互相冲突。

6. 抑强扶弱

仅仅按"物竞天择，优胜劣汰"，则形成强者愈强之势，必然走向极端而死亡；弱者越弱，必不能自保。因而必须有抑强扶弱之道。

天之道，损有余而补不足；人之道则不然，损不足以奉有余。（《老子》第七十七章）

〔译文〕天道是减少有余的来补给不足的；人间世道就不是这样，减少不足的，来奉献给有余的。

7. 和实生物

事物处于开放状态,不断接受来自外部的因素,事物内部新的因素也不断出现。当新的因素积累到一定程度,引起事物产生变化时,就产生了新的事物。对立双方结合在一起,发生交感的作用,从而形成新的事物。当事物处于困境之中,可以通过变革,增加新的要素,使其发生变化,通过调整而摆脱困境,由此而获得长久的存在。变化之中才有创新,事物才能获得新生。

日往则月来,月往则日来,日月相推而明生焉。寒往则暑来,暑往则寒来,寒暑相推而岁成焉。《《周易·系辞下》)

〔译文〕太阳落之时,月亮就升起;月亮落之时,太阳就升起,太阳和月亮相互交替,光明就产生了。寒冷消退,暑热来临;暑热消退,寒冷来临,寒暑交替,年岁就形成了。

《易》穷则变,变则通,通则久。《《周易·系辞下》)

〔译文〕《周易》之道是,处于困境中就要变通,变通了就可以顺达,顺达了就可以长久。

富有之谓大业,日新之谓盛德,生生之谓《易》。《《周易·系辞上》)

〔译文〕拥有万物,这是伟大的事业;天天进步,就是崇高品德;生生不息,就是《易》道。

万物各得其和以生。《《荀子·天论》)

〔译文〕万物各自得到它的和谐状态,就能不断生长。

和实生物,同则不继。《《国语·郑语》)

〔译文〕(不同因素)和谐相处,就能产生新的事物;相同因素的累积,事物不会得到发展。

感而后有通,不有两则无一。故圣人以刚柔立本,乾坤毁则无

以见易。(宋·张载《正蒙·太和》)

〔译文〕互相感应才会有贯通，没有对立的双方，就没有统一体。所以，圣人以刚强和柔弱作为根本之道，天地阴阳毁灭了，就不会有变化。

8. 阴阳和谐

相反或相对的双方，设定其中一方为阳，另一方则为阴，二者可以和谐共存。事物常常包含着与其本质相对立的因素。

故有无相生，难易相成，长短相形，高下相倾，音声相和，前后相随。(《老子》第二章)

〔译文〕所以有与无相互生成，难与易相互促成，长与短相互显现，高和低相互依存，声和音相互和谐，前与后相互跟随。

大成若缺，其用不弊。大盈若冲，其用不穷。大直若屈，大巧若拙，大辩若讷。(《老子》第四十五章)

〔译文〕圆满的东西好像有残缺，它的功能没有弊病。最充实的东西好像有虚空，它的作用是无穷无尽的。正直的好像有弯曲，很高妙的好像笨拙，很能辩的好像口钝。

9. 均衡互制

任何事物或者是事物中的任一因素，均是存在于一定度之内，为了避免该事物恶性膨胀，超过上限度而走向毁灭，就必须要有制约的力量。让两种不同的事物互相制约，使某一事物不会无限度地膨胀起来，走向极端，才能维护其存在的度。

质胜文则野，文胜质则史。文质彬彬，然后君子。(《论语·雍也》)

〔译文〕质朴胜过文饰，就显得粗野；文饰胜过质朴，就显得虚伪轻浮。质朴与文饰相得益彰，这样的人才是君子。

10. 各安其位

万象万物之所以和谐共处，就是因为万象万物都置于恰当的位置上，各自有不同的性质，发挥着各自的功能。万物万象遵照预定的轨道开展活动，才能建立宇宙的秩序。

乾道变化，各正性命。《周易·乾卦·象传》

〔译文〕天道变化，万物各自发挥自己的特质作用。

天尊地卑，乾坤定矣。《周易·系辞上》

〔译文〕天处于上位，地处于下位，乾坤秩序由此而确立。

夫天地之气，不失其序，若过其序，民乱之也。《国语·周语上》伯阳父语）

〔译文〕天地之间的气，秩序不乱，如果秩序乱了，人民就会混乱。

二、社会和谐

子曰：“为政以德，譬如北辰①，居其所，而众星共②之。” 《论语·为政》

〔译文〕孔子说：“按道德的标准从政，就像是北极星，处在自己的位置上，众多的星辰环绕着。”

〔注释〕①北辰：北极星。②共：同“拱”，拱卫、环绕。

哀公问曰：“何为则民服？”孔子对曰：“举直错①诸枉，则民服；举枉错诸直，则民不服。” 《论语·为政》

〔译文〕鲁哀公问道:"怎样做才能使民众顺服?"孔子说:"将正直的人置于邪恶的人之上,民众就顺服;将邪恶的人置于正直的人之上,民众就不服从。"

〔注释〕①错:通"措",放置。

季康子问政于孔子,曰:"如杀无道,以就有道,何如?"孔子对曰:"子为政,焉用杀? 子欲善,而民善矣。君子之德风,小人之德草。草上之风,必偃①**。"**《论语·颜渊》

〔译文〕季康子向孔子询问政事,说:"如果杀掉无道之人,而去亲近道德品质好的人,如何呢?"孔子回答说:"您主持政务,怎么还用杀人呢? 您要是一心向善,百姓也会善良起来。君子的道德就像是风,小人的道德就像是草。草上刮起了风,草必然倒下。"

〔注释〕①偃(yǎn):倒伏。

子曰:"其身正,不令而行;其身不正,虽令不从。"《论语·子路》

〔译文〕孔子说:"为官者自身端正,不强行命令就能推行各项举措;为官者自身不端正,即使发号施令也没有人服从。"

君子矜①**而不争,群而不党**②**。**《论语·子路》

〔译文〕君子庄重矜持而不同别人争执,团结众人而不结党营私。

〔注释〕①矜(jīn):庄重。②党:结党营私。

子曰:"德不孤,必有邻。"《论语·里仁》

〔译文〕孔子说:"有德行的人并不孤单,必定会有人与他相伴。"

远人不服,则修文德以来之,既来之则安之。《论语·季氏》

〔译文〕边远的人不归服,就以施仁政、兴礼乐来招徕他们,他们来归附了,就使他们安定下来。

君臣不惠忠,父子不慈孝,兄弟不和调,此天下之害也。《墨子·兼爱中》

〔译文〕君臣之间不讲恩惠与忠诚,父子之间不讲仁慈与孝敬,兄弟之间不讲和谐与协调,这就是天下共有的祸害。

天地感而万物化生,圣人感人心而天下和平。《《周易·咸卦·彖传》》

〔译文〕天地交感,万物生长;圣人感受人民的心愿,而达致天下和平。

以德服人。《《孟子·公孙丑上》》

〔译文〕用道德来使别人信服。

君子以仁存心,以礼存心。仁者爱人,有礼者敬人。爱人者,人恒爱之;敬人者,人恒敬之。《《孟子·离娄下》》

〔译文〕君子心中保存着仁道,保存着礼仪。仁就是爱人,有礼貌就是尊敬人。爱护他人,他人总是会爱护自己;尊敬他人,他人总是会尊敬自己。

天时不如地利,地利不如人和。《《孟子·公孙丑下》》

〔译文〕天时有利不如地理有利,地理有利不如人与人和谐。

父子有亲,君臣有义,夫妇有别,长幼有序,朋友有信。《《孟子·滕文公上》》

〔译文〕父子之间相亲相爱,君臣之间有道义,夫妇之间有差别,长幼之间有秩序,朋友之间有信义。

义以分则和,和则一,一则多力,多力则强,强则胜物。《《荀子·王制》》

〔译文〕以正义的原则相区分并且能达到和谐,和谐则保持统一,保持统一则力量多,力量多则强大,强大则能战胜一切。

以善先人者谓之教,以善和人者谓之顺;以不善先人者谓之谄,以不善和人者谓之谀。《《荀子·修身》》

〔译文〕用正道去引导别人,这就是教;用正道去迎合别人,这就是顺;

用歪门邪道去引导别人，这就是谄；用歪门邪道去迎合别人，这就是谀。

庶人安政，然后君子安位。传曰：“君者，舟也；庶人者，水也。水则载舟，水则覆舟。”此之谓也。故君人者，欲安，则莫若平政爱民矣。（《荀子·王制》）

〔译文〕平民百姓安于政治，然后官员才能安于权位。传言说：“君王，是船；平民，是水。水可以载负船，也可以颠覆船。”就是这个道理。所以君王要平安，最好是公平执政，爱护人民。

天之生民，非为君也；天之立君，以为民也。（《荀子·大略》）

〔译文〕上天生养人民，并不是为了君王；上天设立君王，则是为了人民。

古之欲明明德于天下者，先治其国；欲治其国者，先齐其家；欲齐其家者，先修其身；欲修其身者，先正其心；欲正其心者，先诚其意；欲诚其意者，先致其知；致知在格物。（《大学》第一章）

〔译文〕古代那些想要在普天之下弘扬光明道德的人，必定是先治理好自己的国家；要治理好国家，必定要先管理好自己的家庭和家族；要管理好家庭、家族，必须先修身养性；要修身养性，一定先要端正自己的心思；要端正心思，一定先要使自己的意念真诚；要想意念真诚，必须先有知识；要有知识，就必须探究事物。

大道之行也，天下为公。选贤与能，讲信修睦，故人不独亲其亲，不独子其子，使老有所终，壮有所用，幼有所长，矜寡孤独废疾者，皆有所养。男有分，女有归。货，恶其弃于地也，不必藏于己；力，恶其不出于身也，不必为己。是故，谋闭而不兴，盗窃乱贼而不作，故外户而不闭，是谓大同。（《礼记·礼运》）

〔译文〕大道的推行，达到天下公平。选择贤者，推举能者，讲信用，建立和睦关系，所以人们不只亲爱自己的亲人，不只将自己的孩子当做孩子,让老人有善终,壮年人有所作为,幼儿有良好的生长环境,鳏夫、寡妇、孤儿、孤老、残废者、疾病者,都有安养的地方。男人有职责,女人有归属。钱财让人厌恶,被丢弃在地上,不会是藏于自己;出力,担心的是力不出于自身,也不会是只为自己。所以,计谋被放置起来,不拿出来用,盗窃作乱者没有出现,从家中外出不必关门,这就叫做大同。

夫福善之门莫美于和睦,患咎之首莫大于内离。《汉书·东平思王刘宇传》

〔译文〕福善之门中没有比和睦更美好的,祸患魁首没有比内部分离更大的了。

家门和顺,虽饔飧①**不继,亦有余欢。**（清·朱伯庐《朱子治家格言》）

〔译文〕家门和睦相处,即使上顿不接下顿,也有很多欢乐。

〔注释〕①饔飧(yōngsūn):早饭和晚饭。

居家戒争讼,讼则终凶;处世戒多言,言多必失。（朱伯庐《朱子治家格言》）

〔译文〕在家里要戒除争吵,争吵最终都是祸害;为人处世要戒除话多,话多了必定会有闪失。

勿恃势力而凌逼孤寡,毋贪口腹而恣①**杀牲禽。**（朱伯庐《朱子治家格言》）

〔译文〕不要依仗势力欺压孤儿寡母,不要贪嘴而肆意杀害牲畜家禽。

〔注释〕①恣:随意。

兄弟同胞一体,弟敬兄爱殷勤;须是同心竭力,毋分尔我才真。（清·石成金《传家宝》初集卷五《安乐铭》）

〔译文〕兄弟同胞浑然一体,弟要恭敬兄要慈爱、殷勤;必须是同心尽力,不分你我,才是真正的兄弟。

三、天人合一

1. 万物一体

消除我同万象万物之间的界限，泯除主体与客体之间的对立，让万象万物作为心象出没于我的心灵中，充养着我的心灵生命；让自己的精神流注到万象万物中，感受万物的生命律动；让自己的生命精神同万象万物的生命精神交融在一起，互相贯通。这就是"仁者与天地万物为一体"的境界。

乾称父，坤称母。予兹藐焉，乃混然中处。故天地之塞，吾其体；天地之帅，吾其性。民，吾同胞；物，吾与也。（宋·张载《西铭》）

〔译文〕天被称为父亲，地被称为母亲。我们这些渺小的人，居于混沌的天地之中。所以天地的合聚，即是我的身体；天地的主宰，就是我的本性。人民，是我的同胞；万物，是我的同伴。

世人之心，止于见闻之狭。圣人尽性，不以见闻梏其心。其视天下，无一物非我。（张载《正蒙·诚明》）

〔译文〕世人的心灵，为他的见闻经验所局限。圣人则能穷尽自己的本性，自己的心灵不被耳目见闻所束缚。他们看待天下万物，没有一样是不属于大我的。

仁者以万物为体。不能一体，只是己私未忘。（明·王守仁《传习录》下）

〔译文〕仁者与万物为一体。不能与万物为一体，只因没有忘掉私欲。

鸟语虫声，总是传心之诀；花英草色，无非见道之文。（明·洪应明《菜根谭》）

〔译文〕鸟鸣虫叫的声音，显现着以心传心的奥秘；红花绿草，无不是表现大道的形态。

林间松韵，石上泉声，静里听来，识天地自然鸣佩；草际烟光，水心云影，闲中观去，见乾坤最上文章①。(洪应明《菜根谭》)

〔译文〕树林间松树的风声，石块上泉水的响声，在宁静的环境里去听，领会到自然界的美妙音乐。野草上升腾的烟雾、闪烁的光辉，水潭中映现的云影，在悠闲的时候去看，就可以看到了天地间最上等的色彩花纹。

〔注释〕①文章：交错的色彩花纹。

花居盆内终乏生机，鸟入笼中便减天趣。不若山间花鸟错集成文，翔翔自若，自是悠然会心。(洪应明《菜根谭》)

〔译文〕花栽在花盆里，就丧失了生机；鸟关在笼子里，就减少了天然的情趣。不如让山里的鲜花和鸟自然交错，成为美丽的图景，鸟在天空中自由地飞翔，人就会悠然自得地领会到自然的情趣。

2. 天道人道

古者包牺氏之王天下也，仰则观象于天，俯则观法于地，观鸟兽之文与地之宜，近取诸身，远取诸物，于是始作八卦，以通神明之德，以类万物之情。(《周易·系辞下》)

〔译文〕古时候，包牺氏作为天下的君王，仰头观察天象，低头观察地理，观看鸟兽的斑纹和土地所宜，近处取自于自身，远处取自于万物，于是开始创作八卦，用来领会神明的道德，用来表达万物的情状。

昔者圣人之作《易》也，将以顺性命之理，是以立天之道曰阴与阳，立地之道曰柔与刚，立人之道曰仁与义。(《周易·说卦》)

〔译文〕从前圣人创作《易》，将用来顺从性命之理，因此确立天的道叫阴与阳,确立地的道叫柔与刚,确立人的道叫仁与义。

大抵道无天人之别,在天则为天道,在人则为人道,其分虽殊,其理则一也。（明·王守仁《王文成公全书》卷三十一）

〔译文〕大概道没有天和人的差别,道在天就为天道,在人就为人道,虽然有所区别,它们的道理却是相通的。

3. 天、地、人

天道无亲,常与善人。（《老子》第七十九章）

〔译文〕天道对万物都一视同仁,但总是扶助着善良的人们。

吾与日月参光,吾与天地为常。（《庄子·在宥》）

〔译文〕我与日月争辉,与天地相伴。

天行有常,不为尧存,不为桀亡。应之以治则吉,应之以乱则凶。强本而节用,则天不能贫;养备而动时,则天不能病;循道而不贰,则天不能祸……天有其时,地有其财,人有其治,夫是之谓能参。
（《荀子·天论》）

〔译文〕天道运行有一定的规律,不因尧(的圣明)而存在,也不因桀(的荒淫)而消亡。用治理来对应天道就会吉利,用混乱来对应天道就有凶险。注重农业生产而且节省费用,天就不能使他贫穷;调养得当而且活动适时,天就不能使他生病;遵循天道而不违背,天就不能使他遭受灾难……天有时令,地有财富,人能够治理,这就叫做人能够与天地相配合。

何谓本?曰:天地人,万物之本也。天生之,地养之,人成之。天生之以孝悌,地养之以衣食,人成之以礼乐,三者相为手足,合以成体,不可一无也。（汉·董仲舒《春秋繁露·立元神》）

〔译文〕什么是根本?答:天地人,是万物的根本。天生长了人,地抚育了人,人成就了自己。天赋予了人孝悌的品质,地提供给人衣食,人用礼乐成就了自己,这三者相互依存,合成一体,缺一不可。

人,下长万物,上参天地。（董仲舒《春秋繁露·天地阴阳》）

〔译文〕人对下掌管万物,对上参入天地之中。

人非天地不生,天地非人不灵。（南朝·宋·何承天《达性论》）

〔译文〕没有天地,人也就不会产生;没有人,天地就不会充满灵气。

盖天地万物本吾一体,吾之心正,则天地之心亦正矣。（宋·朱熹《四书章句集注·中庸章句》）

〔译文〕天地万物与我本来是浑然一体的,我的心端正了,天地之心也就端正了。

心大则百物皆通,心小则百物皆病。（宋·张载《经学理窟·气质》）

〔译文〕心地宽广,万物通畅;心地狭小,万物都有弊病。

人者,天地万物之心也;心者,天地万物之主也。（明·王守仁《王文成公全书·答季明德》）

〔译文〕人是天地万物的心灵,心灵即为天地万物的主宰。

4. 生态伦理

(1)仁爱

君子之于禽兽也,见其生,不忍见其死;闻其声,不忍食其肉。（《孟子·梁惠王上》）

〔译文〕君子对于家禽野兽,看见它活着,就不忍心看见它死去;听见它的声音,就不忍心吃它的肉。

仁者,以天地万物为一体,莫非己也。认得为己,何所不至? 若不有诸己,自不与己相干。如手足不仁,气已不贯,皆不属己。（宋·程颢、程颐《河南程氏遗书》卷二上）

〔译文〕有仁德的人,把天地万物作为一个整体,天地万物无不是"大我"的组成部分。既然认作是自己的一部分,还有什么关爱不到之处呢?如果自己没有拥有它们,它们自然与自己不相干。譬如,手和脚丧失了知觉,身体之气已经不能贯通,它们已不属于自己了。

(2)正义

宇宙万象万物各自具有自己的价值,都是宇宙生命中平等的成员。而人类中心主义,则从人类的利益出发,将人类树立为价值主体,而将宇宙中的其他一切生命都视为价值客体,并运用价值规律,把万象万物区别为许多不同的等级,使之有贵贱之分,这就妨碍了在宇宙间建立公正。抛弃人类中心主义,我们就可以看到,宇宙万物平等地存在着,各自具有自足的生命价值。

故贵以身为天下,若可寄天下;爱以身为天下,若可托天下。(《老子》第十三章)

〔译文〕所以能够以珍重自身生命去珍重天下人生命的人,才可以把天下寄托给他;以爱惜自身生命去爱惜天下人生命的人,才可以把天下托付给他。

以道观之,物无贵贱。(《庄子·秋水》)

〔译文〕从大道的立场上来看,万物无贵贱之分。

天无私覆,地无私载,日月无私照。奉斯三者以劳天下,此之谓"三无私"。(《礼记·孔子闲居》)

〔译文〕苍天覆盖万物,不偏私;大地载负万物,不偏私;日月普照万物,不偏私。敬奉这三者来为天下辛劳,这就叫做"三无私"。

(3)节制

人的能力的无限发展,已远远突破了自然的限制,极大地改变了环境阻力,打破了人类同其他动物种类之间的平衡,成为地球的异化者。必须通过节制,使每一个人找到自己恰当的位置。

祸莫大于不知足,咎莫大于欲得。（《老子》第四十六章）

〔译文〕祸患,没有比不知足更大的;灾难,没有比贪得无厌更大的。

见素抱朴,少私寡欲。（《老子》第十九章）

〔译文〕表现单纯,存心淳朴;减少私心,降低欲望。

天地节而四时成,节以制度,不伤财,不害民。（《周易·节
卦·象传》）

〔译文〕天地有节制,四季才形成,节制确立了限度,不伤害财物,不伤
害民众。

(4)和谐

**大乐与天地同和,大礼与天地同节。和,故百物不失;节,故祀
天祭地。**（《礼记·乐记》）

〔译文〕恢弘的音乐,与天地一样和谐;盛大的礼仪,与天地一样有节
制。和谐,所以万物不丧失;有节制,所以才祭祀天地。

**乐者,天地之和也。礼者,天地之序也。和,故百物皆化;序,故
群物皆别。**（《礼记·乐记》）

〔译文〕音乐表现了天地的和谐精神。礼仪表现了天地的秩序。和
谐,所以万物都能变化;有秩序,所以万物都有分别。

5. 辅佑自然

人担负着"赞天地之化育"的伟大使命,推动自然朝着生生不息
的方向发展。

大人者,有容物,无去物,有爱物,无徇①物,天之道然。天以直②

养万物。代天而理物者，曲成而不害其直，斯尽道矣。（宋·张载《正蒙·至当》）

〔译文〕大人，能够容纳万物而不抛弃万物，能够珍惜万物而不屈从世俗，天道也是这样。上天公正地抚育万物。代表上天来治理万物的人，以各种方法获得成功，不损害这种公正，这就是坚持正道了。

〔注释〕①徇：顺从。②直：公正。

竭泽取鱼，非不得鱼，明年无鱼。焚林而畋，非不获兽，明年无兽。（唐·吴兢《贞观政要·纳谏》）

〔译文〕弄干湖塘来捕鱼，不是捕不到鱼，而是第二年就没鱼可捕了。焚毁树林来打猎，不是得不到禽兽，而是明年就没有禽兽可得了。

6. 顺应自然

维护自然的原有形态，遵循自然规律，顺从不可抗拒的自然力。人对生存环境的肆意改变和破坏，使得生存环境中的各种因素产生变化，从适于人生存的形态向不适应于人生存的形态转变，如果这种趋势得不到扭转，终将形成一个完全不适宜于人类生存的环境。老子的"无为"，就是要求人们戒除违反自然万物的天然本性、破坏自然状态的行为。

以辅万物之自然而不敢为。（《老子》第六十四章）

〔译文〕辅助万物的自然变化，不敢妄为。

万物莫不尊道而贵德。道之尊，德之贵，夫莫之命而常自然。（《老子》第五十一章）

〔译文〕万物无不是尊崇"道"而且推崇"德"。"道"被尊崇，"德"被推崇，没有谁来命令万物，万物保持着自然状态。

是天地之委形也。生非汝有，是天地之委和也；性命非汝有，是天地之委顺也；孙子非汝有，是天地之委蜕也。《庄子·知北游》

〔译文〕是天地给你以形体。生命并不属你所有，是天地给了你和谐之气才使你有了生命；性命并不属你所有，是天地给你顺畅之气才产生的；子孙并不属你所有，是天地蜕变出来的。

是故凫胫虽短，续之则忧；鹤胫虽长，断之则悲。故性长非所断，性短非所续，无所去忧也。《庄子·骈拇》

〔译文〕野鸭的腿虽短，如果给它续上一截，它就会忧愁；鹤的腿虽长，如果给它砍掉一段，它就会悲伤。所以，天然是长的不去截短它，天然是短的不去续长它，没有必要替它们担忧。

圣人安其所安，不安其所不安；众人安其所不安，不安其所安。《庄子·列御寇》

〔译文〕圣人安于自然状态，而不安于非自然状态；众人安于非自然状态，而不安于自然状态。

农夫朴力而寡能，则上不失天时，下不失地利，中得人和，而百事不废。《荀子·王霸》

〔译文〕农夫集中力量耕作，少有其他技能，就能够对上不丧失天时，对卜不丧失地利，中间得到人和，众多农事就不会荒废。

自然之道不可违。《阴符经》

〔译文〕自然之道不可违背。

万物以自然为性，故可因而不可为也，可通而不可执也。（三国·魏·王弼《老子》第二十九章注）

〔译文〕万物以自然作为自己的本性，所以，可以遵循而不可妄为，可以疏导而不能阻塞。

物之生，必因气之聚而后有形；得其清者为人，得其浊者为物。

假如大炉熔铁，其好者在一处，其渣滓又在一处。（《朱子语类》卷十七）

〔译文〕万物生成，必定是因为气聚集在一起，然后才有形体；得到清气的就成为了人，得到浊气的就成为物。就像高炉炼铁，好的汇聚在一处，渣滓汇聚在另一处。

无事在身，并无事在心，水边林下，悠然忘我。诗从此境中流出，哪得不佳。（清·徐增《而庵诗话》）

〔译文〕自身没有事情，心中无事牵挂，在水边林木之下，悠然自得，忘却了自己。诗情从这种境界中产生，怎么会不好。

7. 效法自然

遵守万象万物固有的规律，而不妄加改变；尊重万象万物的自然本性，而不妄加改变；维护万象万物的自然存在形态，而不妄加破坏。

人法地，地法天，天法道，道法自然。（《老子》第二十五章）

〔译文〕人以大地为法则，大地以天为法则，天以道为法则，道以自然为法则。

无欲而天下足；无为而万物化。（《庄子·天地》）

〔译文〕没有欲望，天下富足；不妄为，万物自然生长。

圣人者，原天地之美而达万物之理。是故至人无为，大圣不作，观于天地之谓也。（《庄子·知北游》）

〔译文〕圣人崇尚天地之美，通达万物之理。所以，至德之人不妄为，大圣人不造作，这是取法天地。

以天待人，不以人入天。（《庄子·徐无鬼》）

〔译文〕以自然待人事，不以人为的方式干预自然。

道不违自然,乃得其性,法自然也。法自然者,在方而法方,在圆而法圆,于自然无所违也。（三国·魏·王弼《老子》第二十五章注）

〔译文〕道不违背自然,才得到自己的真性,这就是道法自然。道法自然是说,自然之物是方的,就效法它的方;自然之物是圆的,就效法它的圆,对于自然是不能违背的。

8. 返朴归真

(1)自然而然

宇宙万象万物,都是按其自身的性质而存在着,按其自身固有的规律而运动着。外在强加给它的东西,只会扰乱它的存在状态。

予购三百盆,皆病者,无一完者。既泣之三日,乃誓疗之,纵之,顺之。毁其盆,悉埋于地,解其棕缚。以五年为期,必复之全之。（清·龚自珍《病梅馆记》）

〔译文〕我购买了三百盆梅花,都是带病的,没有一盆是好的。我为此哭了三天,于是发誓要治好它们,放开它们,顺从它们。毁掉花盆,把梅花全部栽在地上,解开束缚着它的棕绳。以五年为期限,必定使之康复,使之完好。

(2)顺应自然

如果人背离自然,违背万象万物自身的特性,把人为的东西强加给自然,强加给人类,就会使自然处于混乱状态,社会处于异化状态。

牛马四足,是谓天;落马首,穿牛鼻,是谓人。故曰:无以人灭天。《庄子·秋水》

〔译文〕牛马四只脚,是天然的;给马套上马笼头,给牛的鼻孔穿进缰绳,是人为的。所以说:不要用人为毁灭天然。

(3)去伪存真

要戒除虚伪，撕下人格面具，消除客观世界中人的妄为因素，恢复客观世界的自然本性。

由是而以假言与假人言，则假人喜；以假事与假人道，则假人喜；以假文与假人谈，则假人喜。（明·李贽《童心说》）

〔译文〕由此而用假话说给虚伪的人听，虚伪的人就会高兴；用假事说给虚伪的人，虚伪的人就会高兴；用假文章去同虚伪的人谈论，虚伪的人就会高兴。

(4)回归自然

尊重并维护自然万物原本的存在形态，顺应自然万物的变化，遵循自然万物的变化规律。

既雕既琢，复归于朴。（《庄子·山木》）

〔译文〕又雕刻又琢磨，恢复它本来的样子。

明谓多见巧诈，蔽其朴也；愚谓无知守真，顺自然也。（三国·魏·王弼《老子》第六十五章注）

〔译文〕小聪明是指见多识广、乖巧狡诈，掩盖了他那纯朴的本性；愚朴是指无知无识，保守纯真，顺应自然。

(5)率性而行

即按照自己的自然本性展开活动，尊重并维护自己的自然本性。感性是自然本性，德性和理性也是自然本性。

大人者，不失其赤子之心者也。（《孟子·离娄下》）

〔译文〕有道德的人，是没有失掉那种天真纯洁赤子之心的人。

四、心灵和谐

1. 情景相生

中国艺术家发现万象万物背后所蕴藏的生命精神。艺术家应致力于表现万象万物所蕴藏的生命精神，在文学艺术作品中，应包含丰富的生命精神。

书肇于自然。（汉·蔡邕《九势》）

〔译文〕书法来自于自然。

情以物迁，辞以情发。（南朝·梁·刘勰《文心雕龙·物色》）

〔译文〕情感是因外物的变化而变化，文章是因抒发情感的需要而产生的。

文之思也，其神远矣。故寂然凝虑，思接千载；悄焉动容，视通万里……故思理为妙，神与物游。（刘勰《文心雕龙·神思》）

〔译文〕作文的思绪，想象极远。所以寂静地集中精神，思绪远至千年；面容悄悄地变化，视野通达万里……所以，构思的精妙之处，即是精神随物的变化而推移。

物在灵府，不在耳目。（唐·符载《观张员外画松石序》）

〔译文〕万物之美是由心灵感知，而不存在于耳目上。

欲书之时，当收视反听，绝虑凝神，心正气和，则契于妙。心神不正，书则欹①斜；志气不和，字即颠仆……故知书道玄妙，必资②神遇，不可以力求也；必须心悟，不可以目取也。（唐·虞世南《笔髓论·契妙》）

〔译文〕在书写之前，应当收敛视听，杜绝思虑，集中精神，端正心态，心气平和，就会契合于微妙之处。心神不正，字就歪斜；志气不和，字就颠倒……所以,书法的玄妙之处,必须依靠精神去感触,而不可用力去追求;必须由心灵去领悟,而不可用眼睛去获得。

〔注释〕①攲:倾斜。②资:依靠。

思与境偕^①,乃诗家之所尚者。(唐·司空图《二十四诗品》)

〔译文〕想象与境同在一起,这是诗人所追求的。

〔注释〕①偕:同在一起。

汝果欲学诗,工夫在诗外。(宋·陆游《示子》)

〔译文〕你果真想学习写诗的话,那就要在诗外下功夫。

读万卷书,行万里路,胸中脱去尘浊,自然丘壑内营,立成郵鄂^①,随手写出,皆为山水传神矣。(明·董其昌《画禅室随笔·画诀》)

〔译文〕读万卷书,行万里路,心中洗去尘埃污浊,自然在心中营造了丘岭沟壑,构建了城市风貌,随手画出,都能为山水传递出精神。

〔注释〕①郵鄂:郵在山东省,鄂是湖北省的别称。

天下之物,本气之所积而成。即如山水自重岗复岭以至一木一石,无不有生气贯乎其间,是以繁而不乱,少而不枯,合之则统相联属,分之又各有成形。(清·沈宗骞《芥舟学画编》)

〔译文〕天下万物,本来就是由气所造成的。就如大自然中重叠的山岭、奔腾的水流,以至于一木一石,都有生气流贯于其中,所以,它们众多但不混乱,稀少但不枯萎,合起来互相统属,分开又各自有自己的形态。

凡文不足以动人,所以动人者气也;凡文不足以入人,所以入人者情也。(清·章学诚《文史通义·史德》)

〔译文〕文章是不足以打动人的,能打动人的是文中的生气;文章是不足以进入人心的,能进入人心的是情感。

必使山情水性,因绘声绘色而曲得其真,务期天巧地灵,借人工人籁而毕传其妙,则以人之性情通山水之性情,以人之精神合山水

之精神，并与天地之性情、精神相通相合矣。（清·朱庭珍《筱园诗话》）

〔译文〕必须使山水性情，因为绘声绘色的描写而真实再现，务必使天地灵巧，借助人为的表现而完整地传达它的微妙，就用人的性情与山水性情相贯通，用人的精神同山水的精神相融合，并且同天地的性情、天地的精神相贯通、相融合。

2. 善美合一

美，既不是指客体的属性，也不是指主体的感觉，而是表示心灵生命在体证活动中进入充实、畅快、丰满、愉悦、悲壮、自由的状态。中华文化中的美，是与善结合在一起的美。美即是符合义理的生命精神，与人的高尚本质相一致的生命精神，能满足人健康的精神。

子谓《韶》："尽美矣，又尽善也。"谓《武》："尽美矣，未尽善也。"
（《论语·八佾》）

〔译文〕孔子评论《韶》，说："美极了，而且好极了。"评价《武》，说："美极了，但还达不到善。"

兴于《诗》，立于礼，成于乐。（《论语·泰伯》）

〔译文〕在《诗经》中感兴，在礼仪中立身，在音乐中完成修养。

可欲之谓善，有诸己之谓信，充实之谓美，充实而有光辉之谓大，大而化之之谓圣，圣而不可知之之谓神。（《孟子·尽心下》）

〔译文〕满足人的德性的内在要求就是善，道德本体在自己身上的真实存在就是信，内心充实就是美，内心充实而又发出光辉就是大，大而能感化四方就是圣，圣达到高深莫测的地步就是神。

仁之实，事亲是也；义之实，从兄是也；智之实，知斯二者弗去是也；礼之实，节文斯二者是也；乐之实，乐斯二者，乐则生矣；生则恶

可已也？恶可已，则不知足之蹈之手之舞之也。《孟子·离娄上》

〔译文〕仁的实际内容是孝敬父母；义的实际内容是顺从兄长；智的实际内容是知道这二者不能违背；礼的实际内容是节制并且文饰这二者；乐的实际内容是为这二者而乐，快乐就产生了；产生的快乐岂可止息？不可止息，就不知不觉地手舞足蹈起来。

故乐行而志清，礼修而行成，耳目聪明，血气和平，移风易俗，天下皆宁，美善相乐。《荀子·乐论》

〔译文〕所以，推行乐教，精神清净；奉行礼教，行为就能养成，耳聪目明，心平气和，移风易俗，天下太平，善与美相辅相成。

夫圣人以神法道而贤者通，山水以形媚道而仁者乐，不亦几乎？(南朝·宋·宗炳《山水画序》)

〔译文〕圣人以自己的精神效法大道，贤者能领略；山水以自己的形态表现大道，仁者由此而欢乐，两者不是很接近吗？

与万物为一，无所窒碍，胸中泰然，岂有不乐！《朱子语类》卷三十一)

〔译文〕与万物融为一体，没有阻碍，心中安宁，哪有不快乐的！

知者达于事理而周流无滞，有似于水，故乐水；仁者安于义理而厚重不迁，有似于山，故乐山。(宋·朱熹《四书章句集注·论语集注·雍也》)

〔译文〕智者通晓事理而且无阻碍地流动，与水相似，所以智者乐于水；仁者安居于义理之中，厚重而不迁移，与山相似，故仁者乐于山。

善者，美之实也。(朱熹《四书章句集注·论语集注·八佾》)

〔译文〕善，是美的实质。

笔墨亦由人品为高下。(清·方薰《山静居画论》)

〔译文〕书画作品因作者人品的高低而有高下之分。

3. 道与艺

故通于天地者，德也；行于万物者，道也；上治人者，事也；能有所艺①者，技也。技兼②于事，事兼于义，义兼于德，德兼于道，道兼于天。（《庄子·天地》）

〔译文〕所以，通达于天地的，是德；通行于万物的，是道；君主治理百姓，凭借的是礼乐政刑之事；人们能有所建树，凭借的是技能。技能包含在事物中，事物包含在义中，义包含在德中，德包含在道中，道包含在天地之中。

〔注释〕①艺：种植，建树。②兼：含，包容。

以道制欲，则乐而不乱；以欲忘道，则惑而不乐。（《荀子·乐论》）

〔译文〕用正道来节制欲望，就会快乐但不淫乱；因欲望太高而忘却正道，就会迷惑而且不快乐。

棋所以长吾之精神，瑟所以养吾之德性。艺即是道，道即是艺。（宋·陆九渊《象山全集》卷二十五）

〔译文〕下棋，可用来滋养我的精神；瑟琴，可用来滋养我的德性。艺就在道中，道就在艺中。

主于道则欲消而艺亦可进，主于艺则欲炽而道亡，艺亦不进。（陆九渊《象山全集》卷二十二）

〔译文〕专注于道，欲望就消退了，艺术水平也可以进步；专注于艺术，欲望就会炽盛，道就消亡了，艺术水平也不会进步。

艺者，义也，理之所宜者也。如诵诗、读书、弹琴、习射之类，皆所以调习此心，使之熟于道也。（明·王守仁《传习录》下）

〔译文〕艺术，是正义的体现，是理适宜的表达方式。例如诵诗、读书、弹琴、练习射箭之类，都是用来调养这颗心，使之能熟知于道。

4. 文以载道

《诗》三百，一言以蔽之，曰：思无邪。（《论语·为政》）

〔译文〕《诗经》三百篇，用一句话来概括它，就是：思想纯正无邪。

君子进德修业。忠信，所以进德也；修辞立其诚，所以居业也。
（《周易·乾卦·文言》）

〔译文〕君子培养道德，发展事业。忠信，用来培养道德；修饰言辞，建立诚信，用来成就事业。

善人愿载，思勉为善；邪人恶载，力自禁裁。然则文人之笔，劝善惩恶也。（汉·王充《论衡·佚文》）

〔译文〕善人希望得到记载，努力行善；恶人讨厌记载，努力自我节制。那么，文人的笔是劝善惩恶的。

道沿圣以垂文，圣因文而明道，旁通而无滞，日用而不匮①。（南朝·梁·刘勰《文心雕龙·原道》）

〔译文〕道理靠圣人的文章显示，圣人以文章而阐明道理，贯通至一切而没有阻滞，天天运用不觉得不足。

〔注释〕①匮：乏。

修其辞以明其道。（唐·韩愈《争臣论》）

〔译文〕修饰言辞用来阐明道。

文章合为时而著，歌诗合为事而作。（唐·白居易《与元九书》）

〔译文〕文章应该为时代而写，诗歌应该为时事而作。

文所以载道也。（宋·周敦颐《通书·文辞第二十八》）

〔译文〕文章，是用来传载道的。

道者，文之根本；文者，道之枝叶。唯其根本乎道，所以发之于文，皆道也。（《朱子语类》卷一三九）

〔译文〕道，是文章的根本；文章，是道的枝叶。只有以道为根基，在文章中表现出来的才都是道。

当以理为主，理得而辞顺，文章自然出群拔萃。（宋·黄庭坚《与王观复书三首之一》）

〔译文〕应当以理为主，说理得当，文辞顺畅，文章自然出类拔萃。

道德，文之本也。（宋·石介《上蔡副枢密书》）

〔译文〕道德，是文章的根本。

5. 文以抒情

文学艺术作品中蕴含的生命精神，并不单纯是文学艺术作品所描述的对象所蕴含的生命精神，而是作品所描述的对象的生命精神与作者的生命精神交融而形成的生命精神。

乐者，圣人之所乐也，而可以善民心，其感人深，其移风易俗，故先王导之以礼乐而民和睦。（《荀子·乐论》）

〔译文〕音乐是圣人所喜爱的，可以用来使民心变善，深深地感化人，容易改变社会风俗习惯，因此古代的圣王用礼乐来引导民众，使之和睦相处。

德者，性之端也；乐者，德之华也；金石丝竹，乐之器也。诗，言其志也；歌，咏其声也；舞，动其容也；三者本于心，然后乐器从之。是故情深而文明，气盛而化神，和顺积中而英华发外，惟乐不可以为伪。（《礼记·乐记》）

〔译文〕道德是性情的发端，音乐是道德的外在表现，金石丝竹是音乐的器具。诗是用来表达人的心志的，歌是心声的颂唱，舞蹈是形体容貌的活动，这三者都是从内心出发的，然后音乐从而产生。因此感情深厚而且文辞明白，气势盛大而且出神入化，内心和顺而且英华外发，只有音乐是不能够作伪的。

精诚由中,故其文语感动人深。（汉·王充《论衡·超奇》）

〔译文〕心中有真情实感,因此所作的文章能够深深地打动人。

文以气为主,气之清浊有体,不可力强而致。（三国·魏·曹丕《典论·论文》）

〔译文〕文章以气为主,有的气清新,有的气重浊,不可强求而得。

诗缘情而绮靡①。（晋·陆机《文赋》）

〔译文〕诗要抒发真情,语言精美。

〔注释〕①绮靡:精妙之言。

书之妙道,神彩为上,形质次之。（南朝·齐·王僧虔《书苑菁华》卷十八）

〔译文〕书法的美妙之处,是以精神风彩为最重要,形态尚在其次。

昔《诗》人什篇,为情而造文;辞人赋颂,为文而造情。（南朝·梁·刘勰《文心雕龙·情采》）

〔译文〕从前《诗经》作者的诗篇,是为了抒发情感而作;辞赋家创作赋颂,是为了文辞的需要而造作情感的。

古人有歌咏以养其性情,声音以养其耳目,舞蹈以养其血脉,今皆无之,是不得"成于乐"也。（宋·程颢、程颐《二程遗书》卷十八）

〔译文〕古人用歌唱来涵养其性情,用音乐来涵养其耳目,用舞蹈来涵养其血气,现在都没有了,这就不能"成于乐"了。

夫趣,得之自然者深,得之学问者浅。（明·袁宏道《叙陈正甫会心集》）

〔译文〕情趣,从自然中得来的较深远,从学问中得来的较肤浅。

理语不必入诗中,诗境不可出理外。（清·潘德舆《养一斋诗话》）

〔译文〕讲道理的语言不必写入诗中,诗的意境不必离开道理。

学画者先贵立品。立品之人,笔墨外自有一种正大光明之概,否则画虽可观,却有一种不正之气,隐跃毫端。文如其人,画亦有

然。（清·王昱《东庄论画》）

〔译文〕学习作画的人首先要注重培养人品。人品好的人，在笔墨之外自然有一种正大光明的气概，否则，画虽然有可观之处，却有一种不正之气隐藏、显现在笔端。文如其人，画也是这样。

学画所以养性情，且可涤烦襟，破孤闷，释躁心，迎静气。（王昱《东庄论画》）

〔译文〕学习作画可以修养性情，而且可以洗涤心中烦躁，去除孤独忧郁，消除浮躁之心，培养安静的气度。

6. 心灵清静

(1)心灵毒素

在一个人的生活经历中，自觉不自觉地接受各种浸染，沉淀在心灵之中，形成心灵的毒素。

朱子曰：“心地不虚，我见太重，恐亦为道学之障也。”（宋·朱熹《续近思录》卷十二）

〔译文〕朱子说：“心中不虚静，自我的成见太多，恐怕这是道学的障碍。”

身惹尘埃沾尚浅，心随欲境染尤深。堪怜举世忘源者，只洗皮肤不洗心。（宋·吴秀《人天宝鉴》）

〔译文〕身体沾惹了尘埃只在浅层，心在贪欲之境中被污染得很深。可怜世人忘却了根本，只去洗净皮肤却不洗净内心。

心意识之障道，甚于毒蛇猛虎。……毒蛇猛虎尚可回避，而心意识真是无尔回避处。（《大慧语录》卷二十）

〔译文〕心念意识障蔽正道，胜过毒蛇猛虎。……毒蛇猛虎还可以躲避,而对心念意识你却没有回避之处。

水动荡不已则不清,心动荡不已则不明,故当时时静定其心,不为动荡所昏可也。（明·薛瑄《读书录》卷五）

〔译文〕水动荡不停就不会清澈;心动荡不停就不会明亮。所以,应当时时安定自己的心,不要被动荡所昏蔽就行了。

(2)三际托空

心灵处于念念相续的运动状态,在前念已过,后念未起之时,当下之念转入空寂清静。

反观所起之心,过去已灭,现在不住,未来未至,三际穷之,了不可得。（隋·智凯《童蒙止观》卷上）

〔译文〕反观心中所生起的各种念头,过去之心已经熄灭,现在之心不会停留,未来之心尚未到来,从过去、现在、未来三际去追寻,什么也得不到。

若前念今念后念,念念相续不断,名为系缚。（唐·慧能《坛经》）

〔译文〕如果前念、今念、后念,心念与心念相续,不能截断,这就叫做束缚。

雁无遗踪之意,水无留影之心。（宋·普济《五灯会元》卷十六"义怀禅师"）

〔译文〕飞雁没有留下踪迹之意,水潭没有留下踪影之心。

其所以系于物者有三:或是事未来,而自家先有这个期待底心;或事已应去了,又却长留在胸中,不能忘;或正应事之时,意有偏重,便只见那边重。这都是为物所系缚。既为物所系缚,便是有这个物事。到别事来到面前,应之便差了,这如何会得其正。圣人之心莹然虚明,无纤毫形迹。（《朱子语类》卷十六）

〔译文〕人心系累于外物的情况有三种:或者是事情没有发生,自己心中首先就有一个期待的心；或者是事情过去了，又把事情长期留在心中，不能忘怀；或者是正在应对事物之时，有偏颇侧重之意，只看到那边是重要的。这些都是心为物所束缚。既然为外物所束缚，便是心中只有这件事情。到别的事情发生之时，感应便会出现偏差，这怎么能正确地理解事情。圣人的心虚静光明，没有丝毫遗留的痕迹。

(3)物我两忘

堕①肢体，黜②聪明，离形去知，同于大通，此谓坐忘。《庄子·大宗师》

〔译文〕忘却肢体，丢掉聪明，离开身躯，停止思维，与大道融通为一，这就叫做坐忘。

〔注释〕①堕：通"隳"，毁坏。②黜：退除。

乐寂者，知妄从心出，息心则众妄皆静。（宋·延寿《宗镜录》）

〔译文〕乐于寂静的人，知道种种虚妄都是从心产生的，止息心念，所有虚妄就都静止下来了。

思量个不思量底。（宋·普济《五灯会元》卷四）

〔译文〕所想的是什么也不想（即中断思考，心明如镜）。

南台静坐一炉香，终日凝然万虑忘。不是息心除妄想，都缘无事可思量。（明·苍雪《中峰广录》卷十二）

〔译文〕静坐于南台，面对一炉香烟，整天集中精神，万种思虑都被忘记。不是刻意地止息心思，消除妄想，而是没有什么事情可以思量。

(4)持敬收敛

问：不知敬如何持？曰：只是要收敛此心，莫令走失便是。今人精神自不曾定，读书安得精专。凡看山看水，风惊草动，此心便自走失，视听便自眩惑，此何以为学。（《朱子语类》卷一一八）

〔译文〕问：不知道如何持敬？答：只是要收敛自己的心，不要使它走失罢了。现在，人们的精神本身不能安定，读起书来怎么会有精专。大凡看见山看见水,风吹草动,自己的心便走失,视听便会迷乱,这怎么能做学问。

殊不知敬则心自存,不必照看捉摸;敬则自虚静,不必去求虚静。(明·胡居仁《胡文敬集》卷一《与陈大中》)

〔译文〕殊不知持敬则心意便不会放荡,不必观看把捉;持敬则心中自然虚静,不必去求取虚静。

(5)意识专一

静坐非是要如坐禅入定,断绝思虑。只收敛此心,莫令走作,闲思虑,则此心湛然无事,自然专一。《朱子语类》卷十二)

〔译文〕静坐并非要坐禅入定,断绝思虑。只是收敛自己的心,不要让它走失,随便思虑,那么,自己的心便是湛然空明,自然保持精神的专一。

好色则一心在好色上,好货则一心在好货上,可以为主一乎?是所谓逐物,非主一也。主一是专主一个天理。(明·王守仁《传习录》上)

〔译文〕迷恋美色则一心就在美色上,迷恋钱财则一心就在钱财上,这就是"主一"吗?这是逐物啊,并不是"主一"。"主一"是专门将心思用在天理上。

(6)清静之用

第一,心灵之空,不是全无一物,而是消除心灵中的毒素,抹去心灵之境上的尘埃,从而显现善性本原,故虚静是涵养道德的方法。

心虚则理实,心实则理虚……以理为主,则此心虚明,一毫私意著不得。《朱子语类》卷一一三)

〔译文〕心中虚静则道理真实地存在;心中有障蔽则道理不能真实存在……以道理在心中做主,则心中虚静明亮,一点私心都不能存留于心中。

正法以空去其贪,邪法以空资其爱。大人体空而进德,小人说空而退善。(宋·延寿《万善同归集》卷下)

〔译文〕正道以"空"去其贪心,邪道却因"空"来滋长其贪欲。君子体证"空"而增进自己的德性,小人论说"空"而消除了自己的善念。

一者无欲也。无欲则静虚动直。静虚则明,明则通;动直则公,公则溥。(宋·周敦颐《通书·圣学》)

〔译文〕心念专一就是无欲。无欲就能心中虚静,起动正念。虚静则明,明就通达;起动正念就公正,公正就不偏不倚。

静时念念去人欲存天理,动时念念去人欲存天理,不管宁静不宁静。若靠那宁静,不惟渐有喜静厌动之弊,中间许多病痛,只是潜伏在,终不能绝去,遇事依旧滋长。以循理为主,何尝不宁静?以宁静为主,未必能循理。(明·王守仁《传习录》上)

〔译文〕宁静时念念不忘存天理去人欲,活动时念念不忘存天理去人欲,不管宁静不宁静(都要这样做)。如果只依靠宁静,不但渐渐产生喜欢宁静厌恶活动的弊端,心中有许多毛病伤痛,只是潜藏在那里,最终不能铲除干净,遇到有事时依然会滋长。以遵循道理为主,何尝不宁静?以宁静为主,则未必能遵循道理。

心虚则性现,不息心而求见性,如拨波觅月。(明·洪应明《菜根谭》)

〔译文〕心灵处于虚静之中,善性就会显现。不平息杂乱的心念,而去寻求善性显现,就如搅动水波,寻找水中之月。

第二,心灵生命处于虚静之中,方能发挥明镜之作用,真实地映照万象万物,虚怀若谷,空谷回音,空心回味,收摄万象万物之生命精神。

至人之用心若镜，不将不迎，应而不藏，故能胜物而不伤。《庄子·应帝王》

〔译文〕得道高人用心如同明镜，去不送，来不迎，只如实映照，不留痕迹，所以能常照物而不被外物所伤。

水静则明烛须眉，平中准，大匠取法焉。水静犹明，而况精神！圣人之心静乎！天地之鉴也，万物之镜也。《庄子·天道》

〔译文〕水平静的时候，就可以清楚地照出胡须和眉毛，水的平面合乎水平的标准，大工匠便会取为准则。水平静了才清澈，何况是精神呢！圣人的心是多么虚静啊！可以作为天地的镜子，万物的镜子。

人何以知道？曰：心。心何以知？曰：虚壹而静。《荀子·解蔽》

〔译文〕人们用什么去认识道呢？答：用心去认识。心怎么能认识道呢？答：心要虚静。

言虚空者，乃可用盛受万物。《老子》第十一章河上公注）

〔译文〕所说的空虚，是可以用来容纳万物。

内外身心一切俱舍，犹如虚空，无所取着，然后随方应物。唐·断际《传心法要》）

〔译文〕内外身心，全都舍弃，像虚空一样，无所附着，然后随时应接事物。

大其心，容天下之物；虚其心，受天下之善。（明·吕坤《呻吟语·补遗》）

〔译文〕胸襟宽广，容纳天下之物；心灵虚静，接纳天下之善。

圣人之心如明镜，只是一个明，则随感而应，无物不照。未有已往之形尚在，未照之形先具者。（明·王守仁《传习录》上）

〔译文〕圣人的心就像明镜一样，只有明亮，随物而感应，无物不照亮。没有已经过去的形状还留在镜子里面的，也不可能在没有照镜子之前，某物的形状就已先在里面。

明镜之应物，妍者妍，媸者媸，一照而皆真，即是生其心处。妍者妍，媸者媸，一过而不留，即是无所住处。（王守仁《传习录》中）

〔译文〕明镜映照万物，美者自美，丑者自丑，一映照都显现真实面貌，这就是心念产生之处。美者自美，丑者自丑，一旦过去了就不会在镜中留存，这就是心念不附着某物。

第三，心灵处于虚静之中，应物而起，随机流转，保持顺畅之活动状态，使心灵进入空而灵的状态。

汝但无事于心，无心于事，则虚而灵，空而妙。（宋·普济《五灯会元》卷七"宣鉴禅师"）

〔译文〕你只要无事牵挂于心，心不执着于事物，（你的心灵）就会虚而灵明，空而神妙。

7. 孔颜之乐

中国传统文化所倡导的快乐，是人通过修养，进入了与道同在的境界，进入了物我为一的境界，心灵得以滋养、充实、慰藉、安顿，虽然过着清贫的生活，而精神却处于无限的悦乐之中，这就是孔颜之乐。惟有乐道，才能安贫。

子曰："贤哉，回①也！一箪②食、一瓢饮，在陋巷，人不堪其忧，回也不改其乐。贤哉，回也！"（《论语·雍也》）

〔译文〕孔子说："颜回是贤人啊！一箪饭，一瓢水，居住在简陋的小巷里，人们都无法忍受这样的困顿，颜回并不因此而改变他的快乐心态。颜回是贤人啊!"

〔注释〕①回:孔子弟子颜回。②箪(dān):古代盛饭用的圆形竹器。

饭疏食,饮水,曲肱^①而枕之,乐亦在其中矣。不义而富且贵,于我如浮云。《论语·述而》

〔译文〕吃粗粮,喝冷水,曲起胳膊当枕头,快乐也就在这当中了。不合义理的富裕和高贵,对我来说,就像浮云一样。

〔注释〕①肱:胳膊

内省不疚,夫何忧何惧?《论语·颜渊》

〔译文〕内心反省,不感到内疚,那还有什么忧愁和畏惧的呢?

君子坦荡荡,小人长戚戚。《论语·述而》

〔译文〕君子的心胸坦荡,小人的心中常常感到忧愁。

君子固穷,小人穷斯滥矣。《论语·卫灵公》

〔译文〕君子安守穷困,小人穷困了就会胡作非为。

父母俱存,兄弟无故,一乐也;仰不愧于天,俯不怍于人,二乐也;得天下英才而教育之,三乐也。《孟子·尽心上》

〔译文〕父母健在,兄弟无病无灾,是第一乐事;抬头无愧于天,低头无愧于人,是第二乐事;得到天下的人才而教育他们,是第三乐事。

忘足,履之适也;忘腰,带之适也;知忘是非,心之适也;不内变,不外从,事会之适也。始乎适而未尝不适者,忘适之适也。《庄子·达生》

〔译文〕忘却脚,什么样的鞋子都适合;忘却腰,什么样的带子都适合;忘却是非之争,心里就感到舒畅;内心不变,不屈从外物,遇到什么事情都舒适。开始时舒适,而且一直处于舒适之中,这是忘掉舒适的舒适。

日出而作,日入而息,逍遥于天地之间,而心意自得。《庄子·让王》

〔译文〕太阳出来便劳作，太阳落山便休息，在天地之间逍遥自在，并且心安理得。

与人和者，谓之人乐；与天和者，谓之天乐。《庄子·天道》

〔译文〕与人和谐，这是人乐；与自然和谐，这是天乐。

孔子曰："……君子通于道之谓通，穷于道之谓穷。今丘抱仁义之道以遭乱世之患，其何穷之为！故内省而不穷于道，临难而不失其德，天寒既至，霜雪既降，吾是以知松柏之茂也。"《庄子·让王》

〔译文〕孔子说："……君子能够通达道理，叫通；君子不能通达道理，叫穷。今天我抱负着仁义之道，遭逢乱世，这怎么可以叫"穷"！所以，内心反省而通达道理，面临灾难而不丧失品德。天气寒冷，霜雪降落，我此时才知道松柏的生命力。"

夫富贵，人所爱也，颜子不爱不求，而乐乎贫者，独何心哉？天地间有至贵至爱可求，而异乎彼者，见其大，而忘其小焉尔。见其大则心泰，心泰则无不足。无不足则富贵贫贱处之一也。（宋·周敦颐《通书·颜子》）

〔译文〕人人都爱富贵，颜回却不爱富贵，不追求富贵，却是在贫困中自得其乐，这是什么心理呢？天地之间有至高无上的尊贵和至高无上的爱，可以去追求，这些都不同于通常所说的富贵。颜回看到大的，忘却了小的。看到了大的，心灵就安宁，心中安宁就不会感到不满足。不感到不满足，那么，处在富贵或是贫贱中，就是一样的了。

这道理在天地间，须是直穷到底，至纤至悉，十分透彻，无有不尽，则与万物为一，无所窒碍。胸中泰然，岂有不乐！《朱子语类》卷三十一）

〔译文〕在天地之间的道理，应当探索到底，那便在最细微之处，也要了解得十分透彻，没有不穷尽的，那么就与万物融为一体，没有任何心灵的障碍。心中安宁,哪有不快乐的?

朱子曰:"穷须是忍,忍到熟处,自无戚戚之念矣。"（宋·朱熹《续近思录》卷十二）

〔译文〕朱子说:"贫困中要忍耐,忍耐到了熟透之处,自然就没有忧愁的心态了。"

有志于道者,必透得富贵、功名两关,然后可得而入。不然,则身在此,道在彼,重藩密障以间乎其中,其相去日益远矣。（明·罗钦顺《困知记》卷上）

〔译文〕有志于道义的人,必须穿透富贵关、功名关,然后才能进入道中。不然,就是自身在这里,道在另外一处,两者之间有重重屏障,自己同道相分开,而且愈来愈远。

圣贤胼手胝足①**,劳心焦思,惟天下之安而后乐。是乐者,乐其所苦者也。众人快欲适情,身尊家润,惟富贵之得而后乐。是乐者,乐其所乐也。**（明·吕坤《呻吟语·治道》）

〔译文〕圣贤手脚磨出老茧,到处奔忙,身心疲惫,只待天下安宁了才感到快乐。这种快乐,是将自己的辛劳作为快乐。一般人满足自己的需要,放纵自己的情欲,自身尊贵,家庭荣耀,只有得到了富贵,才感到快乐。这种乐,是将自己的安乐作为快乐。

〔注释〕①胼（pián）手胝（zhī）足:手脚磨出老茧。胼、胝:指手脚上的硬厚皮。

静中静非真静,动处静得来,才是性天之真境。乐处乐非真乐,苦中乐得来,才是心体之真机。（明·洪应明《菜根谭》）

〔译文〕在宁静的环境中保持着的宁静,不是真正的宁静,在喧闹的环境中能够静下来,才是善性本来清净的真正境界。在欢乐的场合中欢乐,不是真正的欢乐,从苦难中得来的快乐,才是心灵本体的真正显现。

君子终身是乐，虽贫贱、患难时，中有自得，毕竟忧他不倒。小人终身是忧，纵富贵已极后，患得患失，究竟乐亦非真。（清·申涵光《荆园进语》）

〔译文〕君子终生都有快乐，虽然在贫贱、患难之时，心中自得其乐，忧愁毕竟不能使他倒下。小人一生都是忧愁的，即使富贵到了极点，仍然是患得患失，这样的快乐终究不是真的。

贫贱是苦境，能善处者自乐；富贵是乐境，不善处者更苦。（清·金缨《格言联璧·持躬》）

〔译文〕贫贱是受苦的境遇，但能够善于调理的人会苦中有乐；富贵是欢乐的境遇，但不善于调理的人则乐中生悲。